WISSEN *leicht gemacht*

DIE GROSSEN ENTDECKER & ERFINDER

Imke Martens

Trautwein Lexikon-Edition

2005 Trautwein Lexikon-Edition

Text: Imke Martens
Chefredaktion: Evelyn Boos
Redaktion: Simone Steger, Maren Richter
Produktion: Wolfram Friedrich
Abbildungen: Lidman Productions, Stockholm; Gruppo Editoriale Fabbri, Mailand
Titelabbildungen: Lidman Productions, Stockholm (1);
Gruppo Editoriale Fabbri, Mailand (1); Siemens Forum, München (2)
Gestaltung: Axel Ganguin
Umschlaggestaltung: Hartmut Baier

ISBN 3-8174-5776-6
5457761

Mehr Infos im Internet unter www.compactverlag.de

Inhalt

Frühzeit

Die Geschichte der Menschheit lässt sich als eine grandiose Abfolge von Erfindungen und Entdeckungen betrachten. Ganz gleich, in welcher historischen Epoche – ob in der Antike, im Mittelalter, in der Neuzeit oder im 20. Jh. –, die Menschen waren immer neugierig und haben durch Herumexperimentieren enorme Fortschritte erzielt und Großtaten in den unterschiedlichsten Bereichen erbracht.

Ackerbau im alten Ägypten

Der Ursprung aller Entdeckungen

Doch zu welchem Zeitpunkt und an welchem Ort hat wer was entdeckt oder erfunden? Wann hat sich eine neue Idee in der Praxis durchgesetzt? Lenken wir unseren Blick zunächst in die Frühgeschichte der Menschheit und schauen uns an, welche Taten und Leistungen, die das tägliche Leben vereinfachen und verbessern, unsere ersten Vorfahren vollbracht haben.

Wärme und Schutz durch Feuer

Mit gewaltigem Blitz und Donner beginnt vor rund 500.000 Jahren eine kulturelle Revolution. Die folgenschwere Entdeckung geschieht jedoch eher zufällig. Eines Morgens bricht eine Horde **Frühmenschen** („Homo erectus“) zur Jagd auf und beobachtet etwas Außergewöhnliches: ein Buschfeuer. Zuerst erschrecken sie und fürchten sich vor dem neuen Element. Erst nach und nach erkennen unsere Vorfahren auch die Vorteile des **Feuers** und lernen es zu beherrschen. Das neue Wissen setzt sich erstaunlich schnell durch: Gebändigtes Feuer spendet Wärme und hält wilde Tiere fern. Auch die Fleischzubereitung wird einige Zeit später entdeckt. Gebratenes Fleisch lässt sich leichter kauen als rohes und verursacht seltener Magenschmerzen. Die lodernden Flammen, die ständig gehütet werden, damit sie nicht erlischen, gelten unseren Vorfahren als lebendiges Wesen, das durch Opfer besänftigt werden muss. Spätere Kulturen geben ihren Feuergöttern Namen, und wer das Feuer bewacht – wie in Rom die Vestalinnen –, wird verehrt und gefeiert.

Pfeil und Bogen

Um etwa 30.000 v. Chr. tüfteln Jäger und Sammler des so genannten Paläolithikums (Altsteinzeit) etwas aus, das später bei den Griechen und Assyrern den Status einer „Königswaffe" erhält. Sie erkennen, dass ein kleiner **Speer** durch einen gespannten Bogen wesentlich mehr Geschwindigkeit und Durchschlagskraft bekommt als durch einen gewöhnlichen Wurf. Auch aus großer Entfernung können nun wilde Tiere und Feinde getötet werden. Höhlenmalereien in Spanien und Frankreich legen noch heute Zeugnis von dieser Jagdhilfe ab, die das Leben der Männer wesentlich erleichterte.

Jagdszene in einer Höhle bei Orange

Kleider machen Leute …

Möglicherweise hatten unsere Vorfahren eines Tages einfach keine Lust mehr, sich ausschließlich mit Tierfellen oder Lederfetzen vor Regen und Kälte zu schützen, oder die menschliche Eitelkeit diente als Triebfeder: Um 5000 v. Chr. jedenfalls lernen die inzwischen sesshaften Menschen, Pflanzen wie **Flachs** und **Baum-**

Spinnrad

wolle anzubauen und daraus haltbare Kleidung herzustellen. Als hilfreich erweisen sich einfache **Webstühle**. Damals wie heute obliegt die Arbeit des Webens vor allem Frauen und Kindern. Etwa 4000 Jahre später wiederum revolutioniert das **Spinnrad** die Textilherstellung.

Der Blick auf die Uhr

Den Rhythmus des Tages bestimmen Jahrtausende hindurch Sonnenaufgang und -untergang, bis um 4000 v. Chr. die Mesopotamier eine folgenreiche Entdeckung machen. Sie beobachten, wie sich der **Sonnenstand** im

Sonnenuhr aus dem 16. Jh.

Laufe des Tages verändert, und nutzen diese Erkenntnis, um die ersten **Sonnenuhren** zu konstruieren: Sie befestigen auf einer horizontalen Steinplatte einen senkrechten Sonnenstab, dessen Schattenspitze an markierten Linien entlang wandert. Die Zeit wird messbar. Die Ägypter entwickeln 2500 Jahre später handliche tragbare Modelle.

Keramik vom Feinsten

Ein weiterer Meilenstein in der Entwicklung der Menschheit ist die um 3500 v. Chr. erfundene **Drehtöpferscheibe**, die erstmals die „Massenproduktion" von Keramik ermöglicht. Auch hier spielt Mesopotamien wieder die Vorreiterrolle. Von dort aus verbreitet sich die neue Technologie über Kreta nach Griechenland bis in den westlichen Mittelmeerraum. Erst im 1. Jh. v. Chr. entwickeln die Ptolemäer die Töpferscheibe mit Fußantrieb, die in ihren Grundzügen bis ins 19. Jh. verwendet wird.

„Kritzeleien" auf Papyrus

Sich mit anderen zu verständigen und wichtig erscheinende Dinge aufzuschreiben, liegt in der Natur des Menschen. Die sumerische **Keilschrift** des ausgehenden 4. Jt. v. Chr. wird um 3000 v. Chr. vom ägyptischen Volk über-

Osiris, Zeichnung auf Papyrus, Buch der Toten (15. Jh. v. Chr.)

Hieroglyphen auf ägyptischem Sarkophag

trumpft: Heilige Zeichen, Gottesworte oder **Hieroglyphen** entstehen. 800 Zeichen umfasst das neue Schriftsystem, mit dem das große Pharaonenreich nun seine Verwaltung auf Papyrus – dem Pa-

Papyrus

pier aus Schilfgras – dokumentiert. Um 1200 v. Chr. gelingt es dem Volk der Phönizier, ein Konsonantenalphabet aus 22 Zeichen zu entwickeln. Die Griechen komplettieren es, indem sie Vokale hinzufügen. Zahlen können unsere Vorfahren übrigens schon seit etwa 30.000 v. Chr. niederschreiben, als sie beginnen, für jedes erlegte Tier eine Kerbe ins Holz zu ritzen.

Glühendes Eisen

Den Umgang mit Bronze und Gold ist unser Urahn bereits seit 3000 v. Chr. gewöhnt. 1600 Jahre später lernt das Volk der Hethiter, Eisen zu bearbeiten. Es wird zunächst im heißen Feuer zum Glühen gebracht und dann im kalten Wasser abgeschreckt. Die Epoche der Eisenzeit ist angebrochen, und mit ihr verändert sich das Leben. Griechen und Römer nutzen Eisen später für ihre Waffenproduktion, und im 2. Jh. v. Chr. ist das Metall aus dem Alltag nicht mehr wegzudenken. Werkzeuge, Nägel, Reifen und vieles mehr werden daraus hergestellt.

Ackerbau und Transport

In dem Vermögen, diese und viele weitere kulturelle Entwicklungen zu handhaben, unterscheiden sich die Menschen von anderen Geschöpfen. Die Fortschritte konnten zustande kommen, weil die Menschen es verstehen, sich und ihre Nachkommen geplant zu ernähren. Neben der Jagd und dem Sammeln von Früchten, Pflanzen und allen übrigen nützlichen Dingen, die die Natur zu bieten hat, lernen sie um etwa 6000 v. Chr., ihre **Felder** zu bewässern. Die Mesopotamier bauen zu der Zeit bereits ein ausgeklügeltes System von **Bewässerungskanälen**. 3000 Jahre später erfindet dieses Kulturvolk auch das Rad: Baumstämme werden in Scheiben zersägt, diese an Achsen befestigt und zu Wagen montiert. Zweifellos ein bedeutender Fortschritt, doch die massiven Holzräder eignen sich nicht besonders gut für den Transport schwerer Ladung. Und so probieren die Mesopotamier weiter, bis ihnen schließlich 1000 Jahre später der Bau leichterer Speichenräder gelingt.

Ackerbau im alten Ägypten

Antike

Die zahlreichen Entdeckungen unserer ersten Vorfahren können im Allgemeinen noch keinen bestimmten Personen zugeschrieben werden. Das ändert sich erst um etwa 1000 v. Chr. mit Beginn der klassischen Antike. Doch vieles von dem, was Griechen und Römer in den folgenden Jahrhunderten erfinden und entwickeln, wäre ohne die frühen Hochkulturen im Nahen Osten, Ägypten und Mesopotamien nicht möglich gewesen.

Pyramiden von Giseh

Imhotep
und die Stufenpyramide in Sakkara (2630 v. Chr.)

Noch heute pilgern Scharen von Touristen ins Land der Pharaonen, um diese einmaligen Weltwunder aus Stein in unmittelbarer Nähe zu erleben.

Nach wie vor übt die monumentale Größe der königlichen Grabdenkmäler eine außergewöhnliche Faszination auf Menschen aus. Was ab 2630 v. Chr. riesige Heerscharen von Arbeitern aus dem Boden stampften, ist und bleibt für uns ein Geheimnis, ein Rätsel, das uns magisch in seinen Bann zieht.

Pharao Snofru (2575–2551 v. Chr.) gilt als eigentlicher Erfinder des „glatten" Pyramidenbaus. Doch **Pharao Djoser** und seinem Architekten **Imhotep** ist unzweifelhaft zu verdanken, dass 2630 v. Chr. mit der Stufenmastaba in **Sakkara** das Zeitalter der Pyramiden eingeläutet wird. Der Baumeister Imhotep ist übrigens das, was wir ein Universalgenie nennen. Er hat eine Vielzahl von Funktionen inne, ist Gelehrter, Schreiber und Architekt.

? Schon gewusst?

Um 2750 v. Chr. führt Ägypten einen Mondkalender ein. Die Festlegung der Zeitrechnung auf 365 Tage pro Jahr wird an den Aufgang des hellsten Fixsterns Sirius geknüpft.

Bis dahin bestattet man die ägyptischen Könige in einfachen **Mastabas** (Tafelgräbern), unterirdischen Grabkammern, deren Oberbau aus Kulträumen und Kammern für die Grabbeigaben besteht. Die Djoser-Grabstätte – der erste monumentale Steinbau – besteht aus sechs übereinander gebauten Mastabas und erreicht eine Höhe von 60 Metern. Der gesamte Gebäudekomplex umfasst ein 275 x 545 Meter großes Areal mit Tempelanlagen, das von einer zehn Meter hohen Mauer umgeben ist. Djosers Pyramide ist noch keine „echte" Pyramide, da sie noch nicht über die edlen, glatten Flächen und Kanten wie ihre berühmten Nachfolger in Giseh verfügt. Sie besteht aus fünf schrägen Treppenstufen und wird daher Stufenpyramide genannt.

Zu den großartigen Pyramiden gehören die Grabmonumente auf dem Felsplateau von Giseh, 13 Kilometer westlich von Kairo, die **Cheops**, **Chephren** und **Mykerinos**, alles ägyptische Könige

Pyramiden von Giseh

der vierten Dynastie, um 2500 v. Chr. erbauen ließen. Die drei Pyramiden, die zu den eindrucksvollsten architektonischen Leistungen der Menschheit zählen, sind nicht nur gigantische Monumente der Pharaonen, sie gelten

! Pyramiden von Giseh

Für die Giseh-Pyramiden brechen und bearbeiten rund 10.000 Steinmetze in nahen Steinbrüchen mit Kupfermeißeln, Holzschlegeln und Kupfersägen viele Millionen tonnenschwerer Steinblöcke. Tausende von Arbeitern sind nötig, um diese Steinblöcke auf Holzschlitten über Rampensysteme zur Pyramide hinaufzuziehen. Nach neuesten Schätzungen arbeiten rund 36.000 Maurer, Ingenieure und Hilfsarbeiter daran, die Mauerblöcke aufzutürmen.

auch als Thron der Sonne. An ihrer Spitze sollen sich Sonnengott Re und der ägyptische Gottkönig vereinigen. Alle besitzen die vollständige monumentale Anlage aus Totentempel in der Höhe, Verbindungsgang und Tempel im Tal. Die Cheopspyramide ist mit einer Grundfläche von 53.000 Quadratmetern und einer ursprünglichen Höhe von 147 Metern die größte der Welt.

Ewige Ruhe und Frieden

Doch warum machen sich die Menschen die Mühe, derartige Monumente zu bauen? Die gewaltigen Steinpyramiden über den Gräbern der Könige sollen deren irdischen Leib für alle Zeiten unzerstört erhalten und der in unzugänglichen Grabkammern ruhenden Mumie unbedingte Unantastbarkeit gewähren. Niemand soll die Grabesruhe der Toten stören, weshalb man die Zugänge zu den geheimen Grabkammern des Königs und der Königin durch verwinkelte Steinkorridore und Irrwege vor Eindringlingen zu verbergen sucht. Jedoch können selbst die durch Granitblöcke mehrfach versperrten Gänge Grabräuber nicht daran hindern, bis zu den Sargkammern vorzudringen. Die Gräber der Könige und Königinnen, mit kostbarsten Schätzen als Grabbeigaben, werden bereits in der Antike geplündert.

Eupalinos aus Megara
besorgt kostbares Trinkwasser (530 v. Chr.)

Der Wasserbau spielt bei der Entstehung der ersten Hochkulturen eine entscheidende Rolle: um Kulturland zu gewinnen und fruchtbaren Boden zu bewässern, um Siedlungen und Städte mit **Trinkwasser** zu versorgen und um Abwässer zu beseitigen.
Was Eupalinos von Megara auf der griechischen Insel Samos im Ägäischen Meer bewerkstelligte, zählt also nicht ohne Grund zu den Weltwundern.

Aquädukt Pont du Gard

Der Tunnel des Eupalinos von Megara ist eine architektonische und ingenieurtechnische Meisterleistung. Er ist der Mittelteil einer antiken Wasserleitung, die über 900 Meter unterirdisch bis zum Nordabhang des Berges **Ampelos** führt, in einem Tunnel von 1036 Metern Länge den Bergrücken durchquert und weitere 500 Meter bis zu einem Brunnenhaus verläuft. Der Bau des **Aquädukts** (lateinisch: „Führung des Wassers") gestaltet sich schwierig. Eine Hand voll Spezialisten gräbt gleichzeitig von beiden Seiten durch den Fels. Um ein Zusammentreffen der beiden Stollen zu gewährleisten, sind mehrere Abbiegungen notwendig. Für die Zuleitung müssen rund 1500 Kubikmeter gewachsener Fels ausgehoben werden, für den Tunnel mit dem Kanal rund 5000 und für die Stadtleitung weitere 500 Kubikmeter. Knapp zehn Jahre sind Arbeiter – nur mit Hammer und Meißel ausgerüstet – damit beschäftigt. Doch der Nutzen ist immens: In den nächsten 1000 Jahren können die Bewohner der Insel Samos mit frischem Wasser versorgt werden.

Größte Wasserleitungen der Antike

Die Römer vollenden die Frischwasserversorgung und bauen Jahre später die größten Wasserleitungssysteme der antiken Welt. Als Rom noch eine relativ kleine Stadt war, wurde die Wasserversorgung über das Wasser des Tiber sowie die Quellen und Brunnen geregelt. Altäre über den Quellen sollten vor Verunreinigungen schützen. Mit dem stetigen Wachstum ihrer Stadt beginnt die Bevölkerung jedoch, die immer schlechter funktionierende Wasserversorgung zu beklagen. Die steigenden Einwohnerzahlen erhöhen den Bedarf an frischem Trinkwasser. Rom liegt in einer recht warmen Klimazone, und das Wasser des Tiber wird mit zunehmender Sommerhitze ungenießbar. Daher entschließen sich die Stadtoberhäupter 312 v. Chr. die erste Wasserleitung, die 16 Kilometer lange **Aqua Appia**, zu bauen. Ihre Kapazität beträgt 73.000 Kubikmeter täglich.

Die Aquädukte bestehen aus einem offenen und einem geschlossenen Kanal und werden meist auf hohen Bogenkonstruktionen aus Stein gebaut. Durch eine Rinne mit leichtem Gefälle fließt das Gebirgswasser über Täler und Ebenen hinweg in die ewige Stadt. Die kilometerlangen Leitungen versorgen Haushalte und Thermalanlagen mit Frischwasser und transportieren das Schmutzwasser ab.

Aquädukt bei Tomar

Das großartigste Aquädukt ist die 52 n. Chr. fertig gestellte **Aqua**

Römische Thermen

Marcus Aurelius Antonius Caracalla

Zu den bevorzugten Treffpunkten der Römer gehören die großen öffentlichen Badeanlagen, die zum Teil recht luxuriös ausgestattet sind. Die riesigen **Caracalla-Thermen** können von über 1000 Menschen täglich benutzt werden. Um den großen Wasserverbrauch zu gewährleisten, lässt der Feldherr und Staatsmann **Agrippa** (63–12 v. Chr.) weitere Aquädukte errichten. Zudem müssen zu seiner Zeit allein 700 Brunnen und 150 Springbrunnen ausreichend mit Wasser versorgt werden.

Caracalla-Thermen

Claudia. Vor Rom wird die 69 Kilometer lange Wasserleitung auf den letzten zehn Kilometern über Bögen geführt. Auffälligster Bestandteil ist der monumentale, als **Porta Maggiore** bekannte Doppelbogen.

Die Kapazität der neun älteren Aquädukte, von denen man durch die Aufzeichnungen des **Frontinus** (97 n. Chr.), des Aufsehers über das Wasserleitungssystem, gesicherte Zahlen besitzt, beträgt rund 990.000 Kubikmeter täglich. Damit ist Rom ohne Zweifel die am besten versorgte Stadt der antiken Welt.

Hippokrates von Kos
und die moderne Medizin (420 v. Chr.)

Sein Name ist noch heute in „aller Munde", und doch wissen wir über das Leben und Werk dieses großen Mannes nur sehr wenig. Fest steht jedoch: **Hippokrates** (460–370 v. Chr.) ist der erste „moderne" Arzt; er ist der Begründer der rational-empirischen Medizin – also der wissenschaftlichen Medizin – und gilt als „Vater der europäischen Heilkunde". Die Familienangehörigen von Hippokrates werden als Asklepiaden bezeichnet. Sie beanspruchen als ihren Vorfahren den Heilgott **Asklepios.** Hippokrates soll bereits als Kind von seinem Vater im Sinne der Familientradition in den Arztberuf und die hergebrachte Medizin eingeführt worden sein. Danach folgen Reisen durch Kleinasien und Griechenland, wo er als wandernder Arzt praktiziert. Als geachteter Mann kehrt er nach Kos zurück, um hier zu arbeiten, zu schreiben und in einer eigenen Schule Medizin zu lehren.

Platon, Hippokrates und Dioscurus

Unter Hippokrates entsteht 420 v. Chr. das *Corpus Hippocraticum*, eine etwa 60 Schriften umfassende Textsammlung, an der etwa 20 Mediziner mitwirken. Danach soll ein Arzt über eine Konzeption verfügen, mit deren Hilfe er beurteilen kann, wie sich die allem zugrunde liegenden „Einzelelemente“ zueinander und zum menschlichen Körper verhalten. Hippokrates versteht Krankheit als Ausdruck einer Abweichung vom **Gleichgewicht der Körpersäfte** Blut, Galle und Schleim, wie sie für ihn in den mannigfachen Krankheitserscheinungen beobachtbar sind. Deshalb betrachtet er die Beobachtung des Kranken als eine der wichtigsten ärztlichen Tätigkeiten.

? Schon gewusst?

Von Hippokrates stammt die Idee der Präventivmedizin, der Vorbeugung von Krankheiten. In den Werken *Heilkuren* und *Heilkuren bei akuten Krankheiten* betont der Mediziner nicht nur die Rolle der Ernährung für die Gesundheit und Genesung, sondern stellt auch die Bedeutung der Lebensweise heraus. „Sei mäßig in allem, atme reine Luft, treibe täglich Hautpflege und Körperübung, halte den Kopf kalt, die Füße warm, und heile ein kleines Weh eher durch Fasten als durch Arznei.“

Mit dieser besonderen Wertschätzung der systematischen Beobachtung für die Diagnose und therapeutische Umsetzung bricht er mit der Tradition der an die Götter und magischen Kräfte gebundenen Medizin. Krankheiten gelten fortan nicht mehr als von den Göttern gesandtes Unheil, vielmehr geht man von natürlichen Ursachen aus, die auch mit natürlichen Mitteln behandelt werden können.

Der Hippokratische Eid

Der *Corpus Hippocraticum* enthält neben zahlreichen Krankengeschichten und Lehrsätzen auch den berühmten Hippokratischen Eid, der als Ausdruck einer selbstbewussten antiken Ärzteschaft gilt. Der Eid bietet Leitlinien für die Medizinerausbildung, das Arzt-Patient-Verhältnis, den ärztlichen Beruf und dessen Handlungsstrategie an:

„Ich schwöre, Apollon den Arzt und Asklepios und Hygieia und Panakeia und alle Götter und Göttinnen zu Zeugen anrufend, dass ich nach bestem Vermögen und Urteil diesen Eid und diese Verpflichtung erfüllen werde ...

In wie viele Häuser ich auch kommen werde, zum Nutzen der Kranken will ich eintreten und mich von jedem vorsätzlichen Unrecht und jeder anderen Sittenlosigkeit fernhalten ... Ich will meine Ratschläge und Verordnungen zum Heil der Kranken nach bestem Wissen und Gewissen geben. Meine Patienten werde ich dabei schützen vor allem, was ihnen schaden könnte oder Unrecht täte ...“

Euklid
und die Anfänge der Geometrie (300 v. Chr.)

Euklid

Das wohl bedeutendste Mathematikbuch aller Zeiten, das 13 Bände umfassende Werk *Elemente*, stammt aus der Feder des Mathematikers **Euklid** (325–265 v. Chr.). Darin formuliert er die nach ihm benannte euklidische Geometrie, die jahrhundertelang die Grundlage der Raumlehre und die Basis für das mathematische Verständnis der Welt schlechthin darstellt.

Ein Großteil der Rechnungen, die Euklid in den ***Elementen*** präsentiert, stammen von früheren herausragenden Mathematikern, etwa **Thales von Milet** (650–560 v. Chr.) und **Pythagoras** (570–497 v. Chr.). Thales liebte ausgedehnte Reisen, z. B. nach Ägyp-

Miniatur mit Pythagoras und Thales

ten. Von dort soll er auch die Erkenntnis mitgebracht und erstmals streng formuliert haben, dass alle Winkel im Halbkreis über einer Linie genau 90 ° betragen. Danach heißt der Halbkreis über der Hypotenuse eines rechtwinkligen Dreiecks auch **Thaleskreis**. Aus dem Mathematikunterricht bekannt ist der bedeutsame **Satz des Pythagoras** ($a^2 + b^2 = c^2$), nach dem „in einem rechtwinkligen Dreieck die Summe der Quadrate über den Katheten gleich dem Quadrat über der Hypotenuse" ist. Wobei wir uns in Erinnerung rufen sollten, dass mit Katheten die dem rechten Winkel anliegenden Seiten und mit der Hypotenuse die ihm gegenüber liegende gemeint ist.

! Der Glaube an die unsterbliche Seele

Auch als Naturphilosoph macht Pythagoras von sich reden. Er und seine Anhänger übernehmen die Vorstellung einer antiken Geheimlehre sowie verschiedener Mysterienkulte, dass die Seele unsterblich sei, und glauben an Seelenwanderung und Wiedergeburt. Das Ziel für die Pythagoreer ist die Erlösung der Seele vom Körper, was nur durch ein sittlich einwandfrei geführtes Leben erreicht werden könne. Um ein sittliches gutes Leben zu führen, muss der Pythagoreer stets auf gleich bleibende Verfassung des Körpers, gleich bleibendes Gewicht und gleich bleibende Stimmung (gleichmäßig sanft und heiter) achten. Auch darf er kein Tier töten oder essen, da es seiner Ansicht nach möglich ist, als Tier wiedergeboren zu werden.

Ein systematischer Sammler

Die hervorragendste Leistung Euklids besteht nicht nur darin, dass er die Lehrsätze seiner Kollegen sammelt. Er stellt sie zudem in einheitlicher Form dar und ver-

sucht, die erkannten Gesetzmäßigkeiten auch logisch zu beweisen. Neben der Behandlung der Geometrie enthalten Euklids *Elemente* auch die Anfänge der Zahlentheorie, wie die Konzepte der Teilbarkeit und des größten gemeinsamen Teilers sowie einen Algorithmus, um diesen zu bestimmen. Euklid weist nach, dass es unendlich viele Primzahlen gibt und dass die Quadratwurzel von 2 irrational ist. Sein System geometrischer Lehrsätze bleibt rund 2000 Jahre bestimmend.
Aus Euklids Leben ist nicht viel bekannt. Er lebte etwa eine Generation nach Aristoteles und eine vor Archimedes. Euklid war mit großer Wahrscheinlichkeit Schüler an der Akademie des **Platon** in Athen, die zu dieser Zeit die bedeutendste mathematische Schule der hellenistischen Welt war. Danach lehrte er in Alexandria Geometrie und errichtete dort eine neue Schule für Mathematik (an der später Archimedes studieren sollte).

Aristarch von Samos

und die Erde, die sich um die Sonne dreht (280 v. Chr.)

Mit dem um 310 v. Chr. auf der Insel Samos geborenen **Aristarch** lernen wir zweifellos einen der genialsten antiken Astronomen kennen. Seine Leistung besteht aus heutiger Sicht darin, dass er ausdrücklich ein **heliozentrisches Weltbild** vertritt. Er bricht mit der Ansicht, die Erde befinde sich im Mittelpunkt der Welt: Nicht die Sonne dreht sich um die Erde, sondern die Erde bewegt sich um die Sonne. Aristarch wird wegen seines revolutionären Weltbildes der Gottlosigkeit angeklagt, da er es in seiner Theorie gewagt hat, das Zentrum der Welt, die Erde, in Bewegung zu setzen.
Aristarch, ein Schüler des griechischen Philosophen **Straton von Lampsakos** (340–269 v. Chr.), studiert in Alexandria und Athen. Zu seinen Lebzeiten dominiert das geozentrische Weltbild, das die Erde als Zentrum eines räumlich begrenzten Kosmos betrachtet. Wichtigster Vertreter dieser Überzeugung ist **Aristoteles** (384–322 v. Chr.), der die Kugelgestalt der Erde nachgewiesen hat. Er begründet diese Erkenntnis mit dem Erdschatten auf dem Mond, der stets kreisförmig ist. Unstimmigkeiten wie etwa die Tatsache, dass einige Himmelskörper hin und her wandern, statt die Erde zu umkreisen, werden dabei jedoch ignoriert.

Mittelpunkt der Welt ist die Sonne

Aristarch kann und will sich mit derartigen „Geheimnissen“ nicht zufrieden geben. Für ihn ist die Sonne unbeweglicher Mittelpunkt des Universums, während die Erde und alle anderen Planeten sich auf einer gegen den Himmeläquator geneigten Kreisbahn um die Sonne bewegen. Er erkennt zudem, dass sich die Erde im Laufe eines Tages einmal um ihre eigene Achse dreht, während Sonne und Fixsterne unbeweglich bleiben.

Wie kommt Aristarch darauf? In seiner einzigen erhaltenen Schrift *Von der Größe und den Entfernungen der Sonne und des Mondes* bestimmt er mithilfe geometrischer Überlegungen das Verhältnis der Entfernungen Erde/Sonne und Erde/Mond. Zwar sind seine Ergebnisse um das 20fache zu klein (durch ungenaue Winkelmessung), mathematisch ist sein Verfahren aber korrekt und stellt bis in die Neuzeit die einzige Möglichkeit dar, aus der bekannten Entfernung Erde/Mond auf die Entfernung Erde/Sonne zu schließen.

Die Ideen Aristarchs werden im 16. Jh. von Nikolaus Kopernikus (1473–1543) aufgegriffen, was ihm umgehend den Kirchenbann einbrachte.

? Schon gewusst?

Der Erste, der sich die Mühe macht, die Sterne zu zählen und zu katalogisieren, ist der griechische Astronom **Claudius Ptolemäus**, der von etwa 100–160 n. Chr. in Ägypten lebte. Er kommt damals auf 1022 Sterne. Claudius Ptolemäus hält seine Beobachtungen in dem 13-bändigen Werk *Megale mathematike syntaxis tes astronomias* (Große Zusammenfassung der mathematischen Astronomie) fest. Es soll bis ins Mittelalter das Standardwerk bleiben. Im Gegensatz zu Aristarch geht Ptolemäus davon aus, dass die Erde im Mittelpunkt steht, und dass die Sonne und der Mond sie auf kreisförmigen Bahnen umlaufen.

Ptolemäisches Weltbild

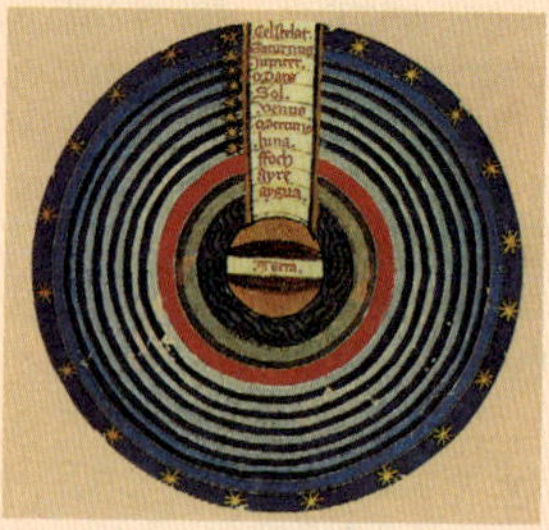

Archimedes
und die Kreise
(250 v. Chr.)

Großen Ruhm erntete einer der wohl bedeutendsten Mathematiker aller Zeiten durch seine Beteiligung an der Verteidigung von Syrakus im 2. Punischen Krieg. Man sagt dem 285 v. Chr. geborenen

Archimedes

Denker und Forscher **Archimedes** nach, die Römer mit Riesenkatapulten und Sonnenspiegeln praktisch eigenhändig daran gehindert zu haben, die Stadt Syrakus einzunehmen.
Bis dahin verlief das Leben des gebürtigen Sizilianers eher beschaulich. Nicht Kriege, sondern Wissenschaft und Forschung bestimmten sein Leben. Archimedes wächst in der sizilianischen Hafenstadt Syrakus auf, wo er auch die meiste Zeit seines Lebens verbringt. Sein Vater **Phidias** ist Astronom und Freund des sizilianischen Königs Hieron II. Archimedes studiert in der ägyptischen Stadt Alexandria, dem damaligen Zentrum der griechischen Kultur und Sitz der legendären Bibliothek.

Archimedes begreift die Notwendigkeit, Theorien durch Experimente zu untermauern und erkennt, dass physikalischen Phänomenen Regeln zugrunde liegen, die sich mathematisch erfassen lassen. Zusammen mit **Euklid** (325–265 v. Chr.) übt er entscheidenden Einfluss auf spätere Wissenschaftler wie Newton und Galilei aus.

Die Quadratur des Kreises

Archimedes beweist mathematisch, dass der Umfang eines Kreises und sein Durchmesser sich genauso zueinander verhalten wie seine Fläche zum Quadrat des Radius. Er nennt dieses (heute als Kreiszahl bezeichnete) Verhältnis noch nicht **Pi**, gibt aber eine Anleitung, wie man sich dem Verhältnis bis zu einer beliebigen Genauigkeit nähern kann. Schon seit dem 5. Jh. v. Chr. ist bekannt, dass der **Flächeninhalt** eines Kreises stets im selben Verhältnis zum Quadrat seines Durchmessers steht. Allerdings fehlt die mathematische Basis, die dieses Verhältnis endlich auch exakt berechenbar macht.
Der Mathematiker beweist Hebel- und Schwerpunktgesetze, entdeckt zudem Formeln zur Volumen- und Oberflächenberechnung gekrümmter Körper, erfindet fast die Integralrechnung und den Logarithmus und beschreibt das

Gesetz des hydrostatischen Auftriebs von Körpern in Flüssigkeiten. Damit kann er als erster mathematisch erklären, warum Körper schwimmen.
Welche enormen Auswirkungen Archimedes mit seinen wissenschaftlichen Arbeiten und Entdeckungen auf die kommenden Jahrtausende hat, ist zur damaligen Zeit bei weitem noch nicht vorauszusehen. Ohne Archimedes wäre mit Sicherheit so manche technische und mathematische Entwicklung viel später oder anders verlaufen.
Der Überlieferung nach war Archimedes offenbar der typisch zerstreute Wissenschaftler, der von tiefer Hingabe für seine Forschungen erfüllt ist. Zumindest beim Angriff der Römer 212 v. Chr. ist er stark in seine Arbeit vertieft. Seine gedankliche Abwesenheit erzürnt einen römischen Soldaten, als dieser Archimedes' Haus betritt. Nach seinen letzten Worten: „Zerstöre meine Kreise nicht" (ndi turbare circulos meos) wird er von dem Krieger ermordet. Der konnte natürlich nicht ahnen, welchen genialen Gelehrten er vor sich hat. Immerhin zollt der römische Kommandeur, **Marcellus**, dem toten Archimedes Respekt. Er sorgt für eine ehrenvolle Bestattung des genialen Widerstandskämpfers. Das Grab von Archimedes kann man noch heute auf Sizilien besuchen.

! HEUREKA!

Eines Tages hat Archimedes wieder einmal eine sehr schwierige Aufgabe zu lösen. Er muss herausfinden, ob die Krone seines Königs aus reinem Gold besteht oder aus einer minderwertigen Legierung. Das Problem dabei ist, dass man die Krone eines Königs nicht einfach einschmelzen kann, um die Menge des Goldes zu messen. Das spezifische **Gewicht von Gold** ist zu dem Zeitpunkt schon bekannt, aber in diesem Fall nützt dies auch nichts.
Zur Entspannung nimmt Archimedes erst einmal ein Bad. In seiner Zerstreutheit aber lässt er die Wanne bis zum Rand volllaufen. Als er sich hineinlegt, läuft das Wasser über und Archimedes kommt die Erleuchtung: Wenn er die Krone auch in Wasser tauchen würde, hätte das verdrängte Wasser das gleiche Volumen wie die Krone selbst. Anhand des Volumens und des Gewichts wäre der **Goldgehalt der Krone** leicht zu bestimmen. Archimedes erkennt sofort die Tragweite seiner unglaublichen Entdeckung.
In seiner übertriebenen Freude rennt er, immer noch nackt, auf die Straße und ruft: „HEUREKA! Ich habe es gefunden!"

Mittelalter

Lange Zeit glauben viele Menschen, dass die Erde eine Scheibe im Zentrum des Universums ist. Dieses von Aristoteles (384–322 v. Chr.) und später von Ptolemäus (ca. 100–160 n. Chr.) vertretene geozentrische Weltbild wird auch im Mittelalter nicht angezweifelt. Nicht zu vergessen: Es wird von der Kirche gelehrt, dass dieses Weltbild das einzig richtige sei. Dass die Erde nur ein recht kleiner und unbedeutender Himmelskörper sein könnte, ist für die meisten Menschen – noch – unvorstellbar.

Kunst des Buchdrucks

Das Weltbild des Aristoteles

In allen Epochen beeinflussen die Gestirne wesentlich das Weltbild der Menschen, wenn auch in sehr unterschiedlicher Weise. Was nicht gleich verstanden oder erklärt werden kann, wird schnell mit höheren Mächten in Verbindung gebracht. Auch heute existieren noch zahlreiche religiöse Lehren, die den Menschen von göttlichen Mächten in den Mittelpunkt des Kosmos gesetzt sehen. Ausgehend von Aristoteles glauben die Gelehrten des Mittelalters, dass sich die Welt aus den Elementen Erde, Wasser, Luft und Feuer zusammensetzt. Jedes Element bildet eine eigene Sphäre. Diese **Kugelschalen** liegen ineinander und haben einen gemeinsamen Mittelpunkt. Die Erde ist die innerste Sphäre, die von der Wasser-Sphäre umgeben ist. Dann folgen Luft und Feuer, schließlich die Himmelssphären.

Das Mittelalter ist die düstere Epoche zwischen Antike und Neuzeit. Letztere wird durch die Reformation eingeleitet. Kennzeichnend für das Mittelalter sind die nach Ständen geordnete Gesellschaft, die gläubig christliche Geisteshaltung in Kunst und Wis-

Aristoteles

senschaft und ein recht einheitliches Weltbild, das auf den Ideen von **Aristoteles** fußt. Zeitlich reicht die Epoche von der Völkerwanderung (4.–6. Jh.) bzw. dem Untergang des weströmischen Reiches 476 bis zum Zeitalter der Reformation (1517). Letztere bricht – unterstützt durch den Buchdruck Gutenbergs – das Informationsmonopol der Kirche und leitet damit das Ende jener Machtstellung ein, die diese im Mittelalter innehat.

Auch wenn die so genannte dunkle Epoche nicht unbedingt die besten Voraussetzungen für Erfindungen und Entdeckungen bot, so sind doch auch in dieser Zeit Pionierleistungen auf unterschiedlichen Gebieten zu verzeichnen, die die Menschheit ein gutes Stück voran gebracht haben.

Ibn al-Haitham
und das menschliche Auge (1010)

Ibn al-Haitham gilt zu Recht als einer der ganz großen islamischen Wissenschaftler und Naturforscher seiner Zeit. Seine Forschungen beeinflussen die Entwicklung in der Optik maßgeblich, gilt er doch als Wegbereiter für die Erfindung des Lesesteins, der letztendlich zur Entwicklung der Brille beiträgt. Seine Antworten auf die Fragen „Wie breitet sich das Licht aus?“ und „Wie funktioniert das Sehen?“ sind wegweisend – bis ins 17. Jh. hinein. Al-Haitham liefert im Jahr 1010 die theoretischen Grundlagen für das Verständnis des Sehvorgangs und die Wirkung von **Glaslinsen** und **Spiegeln** im Zusammenhang mit Lichtstrahlen. So weist er als Erster darauf hin, dass ein Teil einer Glaskugel Gegenstände vergrößert erscheinen lässt.

Ibn al-Haitham (im Mittelalter **Alhazen** genannt) lebt in den so genannten „Goldenen Jahrhunderten“ des islamischen Kulturkreises, also im 3. und 4. Jh. der islamischen Zeitrechnung bzw. von 965–1039 n. Chr. unserer Zeitrechnung. Er übersetzt und kommentiert bedeutende medizinische Schriften griechischer Gelehrter und interessiert sich für Themen aus den Bereichen Optik, Mathematik, Physik, Astronomie,

Kosmologie und Theologie. Er lebt in Kairo, wo ihn der fatimidische **Kalif al-Hakin** nach Kräften fördert.

Mittelalterliche Sehtheorien

Das wohl wichtigste Werk *Kitab-al-Manazir* (Schatz der Optik) legt den Grundstein für das optische Verständnis im Mittelalter. Bis dahin herrschen zwei konträre und aus heutiger Sicht abenteuerliche Thesen zum Sehen vor: Die „Sendetheorie" nimmt an, dass vom menschlichen Auge Sehstrahlen ausgehen, die auf die sichtbaren Objekte prallen und deren Abbild ins Auge zurücktransportieren. Die „Empfangstheorie" glaubt, dass unbekannte Phänomene vom Objekt ausgehen und das Auge zur Wahrnehmung animieren. Anders als seine griechischen Vorgänger erklärt Alhazen den Sehvorgang durch das Licht, das von Gegenständen reflektiert wird und dann geradlinig zum Auge läuft und dabei durch alle Medien ungebrochen zum Augenmittelpunkt durchdringt. Er vermutet, dass die Augenlinse der Empfänger der Lichteindrücke ist und diese über einen Kanal zum Gehirn weitergeleitet werden. Weitere Überlegungen befassen sich mit dem Farbsehen, Nachbildern und Reizschwellen, d. h. Reizen, die einen gewissen Schwellenwert erreichen müssen, um wahrgenommen zu werden.

Im ersten Buch des *Schatz der Optik* erklärt der muslimische Forscher Aufbau und Struktur des Auges. Er berichtet von vier Augenhäuten – Hornhaut, Sehnenhaut, Traubenhaut (Regenbogenhaut), Netzhaut – und von drei Flüssigkeiten – Kammerwasser, Linse, Glaskörper. Vom vorderen Teil des Gehirns führen seiner Ansicht nach zwei hohle Sehnerven zu den Augen.

? Schon gewusst?

Die Brechkraft von Linsen ist bereits in der Antike bekannt, nicht jedoch ihr Wert als Sehhilfe. Vor die Augen gehaltene Gläser und Steine, wie der bei **Plinius d. Ä.** (23–79) erwähnte Smaragd des **Nero** (37–68) (der Kaiser schaute sich so die Gladiatorenkämpfe an), dienten wahrscheinlich nur als Sonnenschutz. Erst Alhazen weist auf die Möglichkeit hin, Linsen wegen ihrer stark vergrößernden Wirkung als Sehhilfe zu benutzen.

Nero, Marmorstatue

Alhazens Untersuchungen zur Optik beeinflussen die Arbeiten namhafter Wissenschaftler. Im 17. Jh. entwickelt dann **Johannes Kepler** (1571–1630) die moderne Sehtheorie.

Alexander von Spina
und die erste Brille (1299)

Marcus Tullius Cicero (106–43 v. Chr.), römischer Rechtsgelehrter, Politiker und Schriftsteller, klagt in einem seiner Briefe über die Abnahme seines Sehvermögens mit fortschreitendem Alter. Er schreibt, dass ihm nichts weiter übrig bliebe, als sich von Sklaven vorlesen zu lassen. Ein Problem, dass sicher auch viele Menschen vor ihm und nach ihm teilten. So mancher Schreiber und Gelehrte des Mittelalters muss wegen seiner nachlassenden Sehkraft die Arbeit und Forschung ruhen lassen. Gut also, dass **Erazm Golek Vitello** (1220–80) den *Schatz der Optik* des Arabers Ibn al-Haitham ins Lateinische übersetzt.

Von der Lesehilfe zur Brille

Westeuropäische Mönche greifen die Gedanken des Forschers auf und beginnen damit, halbkugelige Plankonvexlinsen anzufertigen. Diese erste Lesehilfe wird mit ih-

Quarz

rer ebenen Fläche auf Schriften gelegt, wobei eine erhebliche Vergrößerung der Schriftzeichen erreicht wird. Der Lesestein wird meistens aus **Quarz** oder **Beryll** angefertigt, ist auf einer Seite glatt, auf der anderen nach außen gewölbt. Eine aus Beryll geschliffene Linse nennt man „Brill“, womit klar ist, woher der Name für unsere moderne Sehhilfe stammt. Gegen Ende des 13. Jh. beginnt man, die Kugelsegmente flacher zu schleifen und sie dem Auge anzunähern. Man erkennt den Vorteil des dadurch entstehenden größeren Gesichtsfeldes und bedient sich zur weiteren Verbesserung zweier solcher Linsen. In der

Beryll

Folge werden die Linsen zu ihrem Schutz und zur besseren Handhabung mit einer Fassung versehen und miteinander verbunden. Die Nietbrille entsteht. Ihr Urheber ist der Dominikanermönch **Alexander von Spina** (gest. 1313) aus Pisa. Er nietet zwei Eingläser an den Stielen ihrer Fassung zusammen. Der Benutzer hält sie vor die Augen oder klemmt sie sich auf die Nase.

? Schon gewusst?

Die erste technische Verbesserung erfährt die Brille etwa in der zweiten Hälfte des 14. Jh. Die Nietbrille besteht noch aus zwei übereinander genieteten, instabilen Teilen. Bei der nun verbesserten Konstruktion werden zwei gefasste Gläser mittels eines Bügels bzw. Bogens verbunden, der aus Eisen, Bronze, Holz, Leder, Knochen, Horn und Fischbein angefertigt wird.

In einer Chronik des Dominikanerordens im Kloster der heiligen **Katharina zu Pisa** findet man einen Verweis auf den 1313 verstorbenen Bruder Alexander: „Bruder Alexander della Spina, ein bescheidener und guter Mann, verstand es, alle Erzeugnisse, welche er sah oder von denen er hörte, auch auszuführen. Er verfertigte Brillen, welche zuerst von jemanden gemacht wurden, der darüber aber nichts mitteilen wollte, selbst und verbreitete sie fröhlichen und bereitwilligen Herzens."

! Erste Brillenträger

Weil die Kunst des Lesens und Schreibens im 14. Jh. nahezu ausschließlich in Klöstern erlernt wird, sind Mönche natürlich auch die ersten Brillenträger. Glasmacher aus Nürnberg erlernen auf ihrer Wanderschaft durch Italien die Kunst des Brillenschleifens und bringen diese nach Deutschland mit. Bereits 1535 wird die erste Brillenmacherzunft in Nürnberg gegründet.

Alexanders Konstruktion verbreitet sich rasch über Italien hinaus. In den folgenden Jahren wird das Erstmodell „Brille" immer weiterentwickelt und verbessert.

Berthold Schwarz
bringt Europa Kanonen (1370)

Eine der folgenschwersten Erfindungen des Mittelalters – das Schießpulver – erreicht Europa über Umwege aus China. Vor mehr als 1000 Jahren erfindet man dort das aus den Grundstoffen Salpeter, Holzkohle und

Schwefel bestehende Schwarzpulver. Wenig später fliegen bei den Chinesen bereits die ersten Raketen – damals noch als Feuerpfeile bzw. „fliegendes Feuer“ bekannt. Bald folgen erste Einsätze des Schwarzpulvers zu kriegerischen Zwecken, zunächst nur, um den Feind in Angst und Schrecken zu versetzen. Wenig später gibt es die ersten einfachen Geschütze – die Grundmuster heutiger Waffen.

Gegen Ende des 13. Jh. bringen holländische Seefahrer die Kenntnis vom **Schwarzpulver** nach Europa. Der Mönch und Alchemist Berthold Schwarz (Bertholdus Niger) aus Freiburg experimentiert damit so lange herum, bis er die ersten funktionierenden Kanonen vor sich hat.

Die Herstellung des „Feuerpulvers“ wird nach und nach zu einem einträglichen Geschäft, auch wenn auf die Produktion von Schießpulver und Kanonen die Todesstrafe steht. Der Alchemist Schwarz wird von der Inquisition angeklagt und versteckt sich als Mönch in einem Kloster. Doch bald schon wird er enttarnt und

Roger Bacon

für seine „Freveltat“ hingerichtet. Auch etwa zur Zeit der Einfuhr des Schießpulvers experimentiert in England der Mönch **Roger Bacon** (1214–92) mit Stoffen, welche die Grundbestandteile des Schwarzpulvers enthalten. In einer Niederschrift von ihm lässt sich die Aufzeichnung finden: „Lass das gesamte Gewicht dreißig sein, jedoch vom Salpeter nehme man sieben Teile, fünf vom jungen Haselholz und fünf von Schwefel, und du wirst Donner und Zerstörung hervorrufen, wenn du die Kunst kennst.“

! Griechisches Feuer

Bereits die Byzantiner kennen um 674 eine Mischung aus Kolophonium, Schwefel und Salpeter, auch „griechisches Feuer“ genannt. Dieser selbst auf Wasser brennbare Stoff ist entscheidend für die Verteidigung von Konstantinopel. In den nachfolgenden Jahrhunderten wird das „griechische Feuer“ vor allem gegenüber Schiffen der vordringenden Muslime eingesetzt. Das Rezept ist jahrelang ausschließlich den Griechen bekannt, und die byzantinischen Kaiser setzen schwere Strafen auf den Verrat des Staatsgeheimnisses aus.

Verluste und Zerstörungen durch Kriege nehmen durch die entdeckte Sprengwirkung erschreckende Ausmaße an. Die Kanone verändert die Methoden der Kriegsführung in Europa ganz entscheidend. Eine der Folgen ist der Niedergang des Rittertums.

Leon Battista Alberti
und die Perspektive (1435)

Leon Battista Alberti

Um räumliche Situationen darzustellen, greifen bereits die Römer auf perspektivische Verfahren zurück. Man denke nur an die schönen Wandmalereien in Pompeji, die den Raum in einem gemalten Garten fortzusetzen suchen, oder an die Fresken von Herculaneum. Auf mittelalterlichen Gemälden herrscht dagegen die „Bedeutungsperspektive" vor: Wichtige Personen werden groß, unwichtige klein dargestellt.

Das verloren gegangene Wissen um die **Zentralperspektive** wird erst im 15. Jh. wiederentdeckt, und zwar durch den in Genua geborenen „Uomo universale" **Leon Battista Alberti** (1404–72) – er ist in der Archäologie, Kunstgeschichte, Philosophie, Mathematik und Literatur zu Hause – und den Künstler **Filippo Brunelleschi** (1377–1446).

? Schon gewusst?

Die Perspektive fasst die Möglichkeiten zusammen, dreidimensionale Objekte auf einer zweidimensionalen Fläche so abzubilden, dass dennoch ein räumlicher Eindruck entsteht.

Vorbild: antikes Rom

Das Auftauchen von Leon Battista Alberti auf der Bildfläche sollte die Kunstgeschichte revolutionieren. Er ist der wohl bedeutendste Architektur- und Kunsttheoretiker der Frührenaissance. Für die Bildhauer löst er die Probleme der Messung, der proportionalen Übertragung des Modells und der idealen Proportionen, den Malern liefert er eine geometrische Grundlegung und eine rhetorische Begründung ihrer Kunst – und den Architekten die erste neuzeitliche Bautheorie. Sein Vorbild ist die Kunst des antiken Rom. In seiner Schrift *Über die Malerei* entwickelt der aus einer florentinischen Kaufmannsfamilie

stammende Alberti seine Theorie der Zentralperspektive und erfüllt in seinem ersten bewusst perspektiv-logisch entwickelten Bild eines Fliesenfußbodens alle Regeln der perspektivischen Kunst.
Schon Jahre vor ihm sucht der Schöpfer der Domkuppel von **Florenz**, Filippo Brunelleschi, zu beweisen, dass auch die Fläche als Kunstwerk in der Lage sei, die Vollkommenheit angewandter Mathematik zu erreichen. Dazu entwirft er das Modell mindestens zweier außerhalb des Bildformates gelegenen Fluchtpunkte, zu denen die eigentlich „in die Tiefe" reichenden Linien verlaufen. Diese beiden Fluchtpunkte sowie ein dritter Fluchtpunkt, der eingeführt wird, wenn man aus der Vogelperspektive zeichnet, gehören bis heute zu den Grundlagen der perspektivischen Malerei.
Die in der Renaissance zur Perfektion entwickelten Theorien der Perspektive verändern die Kunst und schaffen eine Illusion der Räumlichkeit, die in früheren Darstellungen fehlt. Hinzu kommen weitere Überlegungen, wie jene über die **Farb-** und **Luftperspektive**, in deren Zusammenhang beispielsweise die Farbe Blau Tiefe signalisiert und weiter entfernte Gegenstände weicher und blasser gemalt werden. Kunst ohne einen gewissen Einfluss der Mathematik ist seit jenen Tagen nicht mehr denkbar.

Johannes Gutenberg

und die Ausbreitung des Wissens (1445)

Johannes Gutenberg

Bis ins 14. Jh. hinein ist Bildung ausschließlich etwas für Privilegierte aus Adel und Kirche. Nur etwa einer von 100 Menschen kann überhaupt lesen. Erst mit dem Buchdruck und der Ablösung des Pergaments durch das billigere Papier lassen sich Informationen in größerer Menge vervielfältigen und verbreiten. In Europa eröffnen sich damit ungeahnte Bildungsmöglichkeiten; der Schritt in die Neuzeit ist getan.
Das Bedürfnis, Kenntnisse und Erlebnisse an nachkommende Generationen zu überliefern, gibt es, seitdem Menschen auf der Erde existieren. Die Keilschrift der Su-

merer gilt als das älteste Schriftzeugnis. Sie besteht aus etwa 1000 Zeichen und wird Ende des 4. Jt. v. Chr. im südlichen Mesopotamien erstmals genutzt. Doch erst mit der Verwendung von **Papyrus** um 3500 v. Chr. in Ägypten können schriftliche Botschaften in etwas höherer Auflage verbreitet werden. Im 2. Jh. n. Chr. gelingt König Gumenes II. (197–159 v. Chr.) mit der Herstellung von **Pergament** aus bearbeiteten Tierhäuten schließlich ein weiterer Fortschritt. Bis weit ins Mittelalter hinein verwenden Schreiber und Schriftgelehrte dieses Material für ihre handschriftlichen Dokumente.

Für Gutenbergs **Buchdruck** allerdings ist die Erfindung des Papiers die entscheidende Voraussetzung. Bereits im Jahr 105 wird es in China benutzt, dann breitet sich die Kenntnis der Herstellung im 7. und 8. Jh. bis nach Japan, Korea und in den arabischen Kulturkreis

! Papierherstellung

Als erstes europäisches Land stellt Spanien 1144 Papier her. Italien folgt im Jahr 1268 mit dem Bau einer Papiermühle, Frankreich produziert um 1270 aufwändiges Leinen- und Hanfpapier. Die erste deutsche Papiermühle – die Gleismühle – errichtet der Kaufmann und Ratsherr **Ulman Stromer** (1329–1407) 1390 bei Nürnberg.

Kunst des Buchdrucks

aus. Im 12. und 13. Jh. werden die ersten Papiermühlen in Europa errichtet, und der preiswerte Stoff wird auch hier gefertigt.

Die Innovation: Wieder verwendbare Bleiletter

Die epochale Leistung Gutenbergs (1397–1468) liegt eigentlich nicht – wie häufig zu lesen ist – in der Herausgabe der 42-zeiligen *Gutenberg-Bibel*. Er druckt sie auf einer Handpresse in den Jahren 1452–54 in einer geschätzten Auflage von 180 Stück, 30 davon auf Pergament – ein Meisterwerk in lateinischer Sprache, das bis heute erhalten ist. Gutenbergs revolutionäre Erfindung ist der Schriftsatz mit wieder verwendbaren Bleilettern und Druckformen, mit deren Hilfe aus den einzelnen Lettern Wörter, ganze Sätze und

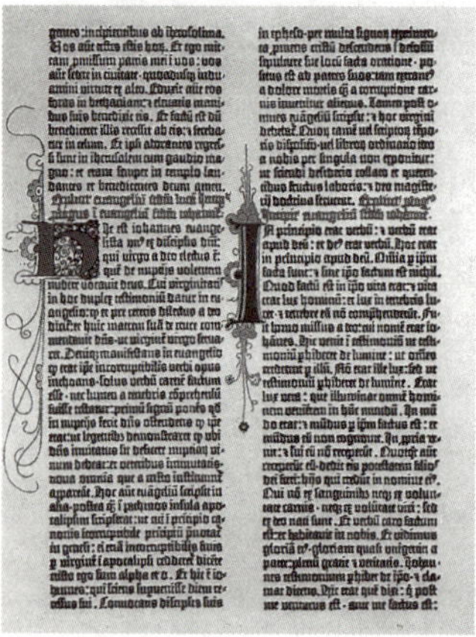

Gutenberg-Bibel

schließlich vollständige Texte gestaltet werden. Diese lassen sich unbegrenzt vervielfältigen (um 1445). Gelten Bücher in Privatbesitz bis dahin noch als unerreichbarer Luxus – für das Abschreiben eines Werkes benötigte ein Schreiber immerhin bis zu vier Jahre – wird Literatur bald gebräuchlicher. Die um diese Zeit gegründeten Universitäten bilden einen Gegenpol zum Wissen der Klöster. Es dauert jedoch noch bis etwa zum Jahr 1800, bis ungefähr 80 Prozent der Bevölkerung in den Industriestaaten lesen können.

In abgewandelter und modernisierter Form wird Gutenbergs Art des Druckens bis ins 20. Jh. angewandt und erstmals 1946 durch den **Fotosatz** abgelöst. Lediglich die Handpresse muss schon im 18. Jh. der mechanischen Rotationspresse weichen, die mit ihren überdimensionalen **Papierrollen** hohe Druckgeschwindigkeiten erlaubt. Erst computergesteuerte Schreib-, Satz- und Drucksysteme verdrängen seit den 1980er-Jahren mehr und mehr die alten Techniken.

1997 kürte das angesehene US-amerikanische Magazin *Time Life* Gutenberg zum „Man of the millenium“. Dies wird inzwischen allgemein anerkannt, da erst mit Gutenbergs Buchdruck und der nachfolgenden Bildungswelle die Schwelle vom Mittelalter zur Neuzeit überwunden wurde.

Neuzeit

Zwischen dem 14. und 16. Jh. durchlebt Europa große gesellschaftliche Veränderungen: den Niedergang des Rittertums und der höfischen Kultur, das Aufkommen der Städte mit dem neuen Stand der Bürger. Die von Italien ausgehende Kulturwende stellt hergebrachte kirchliche Traditionen in Frage und führt zu einem wachsenden Selbstbewusstsein der Menschen. Auch wenn dieses noch eng mit mittelalterlichem Gedankengut verwoben ist, der Aufbruch in eine neue Zeit ist nicht mehr aufzuhalten. Diese Entwicklung vollzieht mit der Französischen Revolution 1789 einen weiteren entscheidenden Schritt nach vorn in Richtung Moderne.

Gebrüder Lumière: Werbeplakat für eine kinematographische Vorführung

Aufbruch in eine neue Zeit

Christoph Kolumbus

Die frühe **Neuzeit** beginnt mit der Reformation (1517). Doch wie so oft scheiden sich auch hier die Geister der Historiker: Als Startpunkte werden ebenso die Entdeckung Amerikas durch **Christoph Kolumbus** (1492) und die Erfindung des Buchdrucks durch **Johannes Gutenberg** (1445) genannt. Doch keine Entwicklung oder Erfindung steht für sich allein. Erst alle zusammen ermöglichen es, in Verbindung mit dem humanistischen Gedankengut, Überkommenes und Althergebrachtes abzuwerfen und den Aufbruch in eine neue Zeit einzuleiten.

Humanismus und Renaissance

Im 14. Jh. durchweht Italien ein frischer Forschergeist, der bald auf ganz Europa übergreift. Das führt

Thomas Morus (Gemälde von H. Holbein, 1593)

zu einem neuen Vertrauen in die menschlichen Fähigkeiten und zu einem Wandel, den man als Renaissance oder Wiedergeburt bezeichnet. Gemeint ist die Wiedergeburt der Antike, eines der großen Ideale jener Zeit. Es manifestiert sich darin, dass zahlreiche

Erasmus von Rotterdam

Elemente der Antike neu entdeckt und belebt werden (Schriften, Baudenkmäler, Skulpturen, Philosophen). Gelehrte wie **Erasmus von Rotterdam** (1466–1536) und **Thomas Morus** (1478–1537) begründen den Humanismus, der allzu starre Lehrsätze und den bedingungslosen Gehorsam gegenüber Autoritäten ablehnt.

Buchdruck und Reformation

Eine Voraussetzung für die Zeitenwende ist die technische Entwicklung des Buchdrucks 1445. Erst dadurch können das bis dahin vorherrschende Machtmonopol der Kirchen gebrochen und Informationen und Ideen breiteren Schichten zugänglich gemacht werden. Dies ermöglicht den Beginn der Reformation, an deren Ende die Abkehr von bestimmten Praktiken der katholischen Kirche und die Entstehung der lutherischen, reformierten und anglikanischen Kirche stehen. Zum theologischen Ringen um die richtige Auslegung der Bibel treten bald auch politische Aspekte. So kommt es in der ersten Hälfte des 16. Jh. zu verschiedenen Kriegen zwischen Katholiken und Protestanten, die in Deutschland 1555 mit dem Augsburger Religionsfrieden enden.

Die großen Entdeckungsreisen

Wesentlicher Motor für die Zeitenwende ist die Entdeckung Amerikas im Jahr 1492, die das bisherige Weltbild auf den Kopf stellt. Doch dies ist erst der Anfang. Fortschritte in der Schifffahrt machen es möglich, dass europäische Seefahrer auf Entdeckungsreisen gehen. Ab 1500 entdecken Europäer auf zahlreichen Expeditionen die Welt, allen voran die Spanier und Portugiesen. Neben Neugierde und dem Drang nach Ruhm, Reichtum und Eroberungen steht der Wunsch, neue Handelsstützpunkte zu errichten. Innerhalb von knapp 300 Jahren – zwischen 1492 und 1768 – erschließen sie die gesamte Welt. Ihnen folgen Handelsgesellschaften und Siedler. Mehrere europäische Staaten – neben den Portugiesen und Spaniern die Niederlande, England und Frankreich – beteiligen sich an diesen Reisen, um ihre wirtschaftliche und politische Macht zu stärken. Aus ihren Handelsimperien bilden sich im 19. Jh. große Territorialreiche heraus.

? Schon gewusst?

Gewinn bringende Lebensmittel und Handelsgüter zu entdecken, ist eine der Triebfedern der europäischen Seefahrer. Und sie werden fündig: Zimt in Ceylon, Pfeffer in Südostasien, Muskat und Nelken auf den Molukken, Ingwer in China. In Nord- und Südamerika entdecken sie Nahrungsmittel wie Kartoffeln, Kürbis, Mais, Paprika und Tomaten. Als außerordentlich profitables Produkt entpuppt sich Tabak.

Der Beginn der Moderne

Das Ende der frühen Neuzeit markiert die **Französische Revolution** 1789. Der gewaltige Gegensatz zwischen sozialer Ungerechtigkeit und den aufklärerischen Idealen hat zur Folge, dass die alte Ordnung und die absolute Monarchie ins Wanken geraten.

Die Moderne wird aus den gesellschaftlichen Umbrüchen durch die Aufklärung und die Entdeckung des Menschen als Individuum geboren. Wesentliches Element der Moderne ist die Säkularisierung und der Wunsch nach einer Art Menschheitsreligion anstelle der institutionalisierten Religionen. Die Industrialisierung, besonders der Übergang von der handwerklichen Fertigung zur Massenproduktion in Fabriken und damit verbunden die Durchsetzung des Kapitalismus, kennzeichnet die neue Zeit ebenso wie der Fortschrittsglaube. Der Glaube an die Vernunft und die Vorherrschaft rationaler Überlegungen bestimmen das Weltbild.

Im Zuge der Französischen Revolution und der Napoleonischen Kriege kämpfen u. a. Deutschland, Italien, Großbritannien und Frankreich um Territorien und ihre Machtstellung im europäischen Kräftefeld. Gegen Ende des 19. Jh. erreicht dann die koloniale Expansion einen neuen Höhepunkt, als u. a. der afrikanische Kontinent unter den europäischen Mächten aufgeteilt wird. Wieder machen sich Forschungsreisende auf, um die neuen Gebiete zu entdecken.

? Schon gewusst?

Beim Übergang von der Agrar- in die Industriegesellschaft spielt Großbritannien eine herausragende Rolle. Die rasant steigende Nachfrage nach Waren ist ein Antrieb für die Mechanisierung und die Entwicklung neuartiger Methoden der Produktionssteigerung. Wasser, Kohle und Dampf kommen bald überall in Europa zum Einsatz, nachdem 1712 die erste industriell eingesetzte Dampfmaschine und 1768 die erste von einem Wasserrad angetriebene Spinnmaschine entwickelt wurden.

Andreas Vesal
und die ersten anatomischen Sezierungen (1543)

Andreas Vesal

Zur Zeit der Renaissance machen sich Wissenschaftler daran, Irrtümer der Antike zu bereinigen. **Leonardo da Vinci** (1452–1519) seziert um 1490 Leichen (was für Laien eigentlich verboten ist) und beginnt einen größeren Traktat über den menschlichen Körper: „Anatomia". Aber wie so viele Arbeiten Leonardos bleibt auch diese unvollendet. Auf dem Gebiet der Heilkunde ist das allen voran **Andreas Vesal** (1514/15–64), der als Begründer der neuzeitlichen Anatomie gilt. Bis in die frühe Neuzeit hinein ist der griechische Arzt **Galen von Pergamon** (131–201 v. Chr.) die unumstrittene Autorität dieses Fachs. Doch seine Untersuchungen an Tieren tragen leider nur wenig dazu bei, Licht in das Dunkel der menschlichen Anatomie zu bringen.

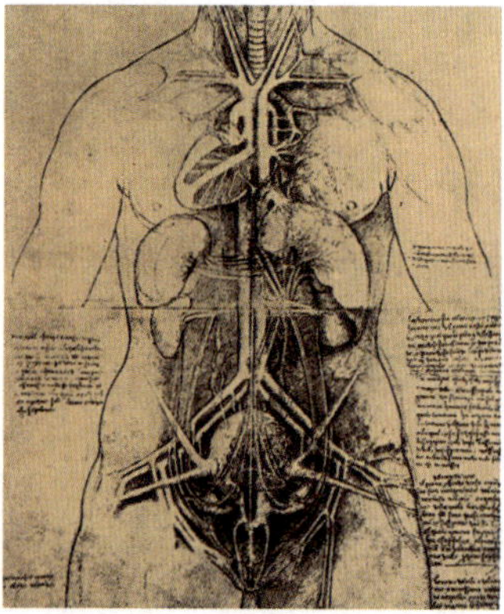

Anatomie (Zeichnung von L. da Vinci)

Die Wissenschaft vom Bau des menschlichen Körpers und seiner Organe baut auf einer rund 2000 Jahre alten Tradition auf. Die ersten belegten Sezierungen führen im 3. Jh. v. Chr. **Herophilos aus Chalkedon** (335–285 v. Chr.) und **Erasistratos aus Kos** (320–250 v. Chr.) in Alexandria durch. Letzterer hinterlässt 62 Texte, die von seinen anatomischen Kenntnissen zeugen. Die rund 100 Veröffentlichungen des nach Hippokrates wohl berühmtesten Arztes der Antike – Galen – gelten bis ins 17. Jh. als Grundlage der Forschung.

Aus einem anatomischen Lehrbuch von 1482

Der in Brüssel geborene Arzt und Chirurg Andreas Vesal gibt die galenische Tradition auf und ersetzt sie durch ein direktes Studium am Menschen auf dem Seziertisch. Er wird damit zum Begründer der modernen Anatomie, die den Aufbau von Organen und Geweben untersucht und beschreibt. Bereits 1538 veröffentlicht Vesal in Venedig die *Tabulae anatomicae sex* mit drei von ihm selbst entworfenen Arterien- und Eingeweidedarstellungen sowie drei wirkungsvollen Skelettfiguren. Als Professor für Chirurgie in Padua seziert Vesal ab 1539 die Leichen aller in der Stadt hingerichteten Menschen. Daneben führte er 1540 öffentlich anatomische Demonstrationen an der Universität von Bologna durch.

! Viersäftelehre

Nach Galen sind für den menschlichen Körper vier Säfte bestimmend (Viersäftelehre): Blut, Schleim, Galle und schwarze Galle. Diese befinden sich in einer für jeden Menschen spezifischen Mischung im Gleichgewicht (Eukrasie); sind sie im Ungleichgewicht (Dyskrasie), dann ist der Mensch krank. Aufgabe des Arztes ist es, die natürliche Heilkraft zur Überwindung einer Krankheit anzuregen.

Heftige Anfeindungen und Kritik

1543 – im Alter von 28 Jahren – veröffentlicht Vesal sein anatomisches Lebenswerk *De humani corporis fabricia libri septem*, das Grundlage für die Weiterentwicklung dieser medizinischen Grundwissenschaft wird. Mit scharfen Worten deckt er mehr als 200 Fehler der bisherigen Anatomie auf, etwa die fünfläppige Leber, das siebensegmentige Brustbein, den zweiteiligen Unterkiefer und den gehörnten Uterus. Während seine Forschungsergebnisse bei Studenten und fortschrittlichen Professoren begeisterte Zustimmung finden, regt sich im Kreis der überzeugten Anhänger Galens erheblicher Widerstand. Vesal leidet derart unter den Anfeindungen seiner Kollegen, dass er seine wissenschaftlichen Forschungen aufgibt und als Hofarzt und Chirurg an den spanischen Hof geht.

Steht man Leichenöffnungen im Mittelalter noch sehr skeptisch gegenüber, so erkennt man im 17. Jh. die einzigartige Bedeutung des Studiums am toten Menschen, denn damit werden Rückschlüsse auf den lebenden Körper und dessen Krankheiten möglich. Anrüchig bleiben Sezierungen allerdings noch eine lange Zeit.

Hans und Zacharias Janssen

blicken durch das Mikroskop (1590)

Die Erfindung des Mikroskops stellt einen bedeutenden Wendepunkt in der Geschichte der Wissenschaften dar. Zum ersten Mal ist das menschliche Auge in der Lage, seine natürlichen Grenzen zu überwinden und die Wunder des Mikrokosmos zu ergründen. Was als einfache kleine Spielerei zweier Männer beginnt, hat bahnbrechende Folgen.

Seit über 2000 Jahren weiß man, dass Lichtstrahlen durch Glas gebrochen werden, aber erst um etwa 1300 werden brauchbare Linsen hergestellt. Die vergrößernde Wirkung **geschliffener Gläser** ist 1590 bereits bekannt, man nutzt sie für die Herstellung von Lupen und Brillengläsern. Auch der holländische Brillenmacher Hans Janssen experimentiert in Middelburg mit verschiedenen Linsen, um kleinste Objekte sichtbar zu machen. Sein Sohn Zacharias hilft ihm dabei. Bald bauen sie das erste einfache Mikroskop, das aus zwei Linsen und drei ineinander geschobenen Rohren besteht. In eines dieser Rohre (die beiden inneren kann man entlang des äußeren auseinander ziehen) montieren sie eine **Sammellinse**, die als Objektiv dient und auf den Gegenstand gerichtet wird. Auf der anderen Seite des Rohres befindet sich mit dem Okular eine weitere Linse, die das zu betrachtende Objekt noch einmal vergrößert. Je nach Auszugslänge vergrößert das Guckrohr um das Drei- bis Neunfache. Mit Vorliebe betrachtete man damals übrigens Flöhe unter dem Mikroskop.

Besonderes Interesse am Mikroskop entwickelt einige Jahre später der Naturforscher und Autodidakt **Antoni van Leeuwenhoek** (1632–1723). Leeuwenhoek ist Tuchhändler und hat in seiner Geburtsstadt Delft ein eigenes Geschäft. Er kann es sich finanziell leisten, seinem Hobby nachzugehen.

? Schon gewusst?

Einem gewissen **Carl Zeiß** wird am 19. November 1846 in Jena die Konzession zur Fertigung und zum Verkauf mechanischer und optischer Instrumente sowie zur Errichtung eines Ateliers für Mechanik erteilt. In seiner Werkstatt in der Wagnergasse 32 geht Carl Zeiß mit Feuereifer an die Arbeit. Er beginnt mit der Fertigung einfacher Mikroskope, die vorwiegend für Präparierzwecke verwendet werden.

Er erlernt die Kunst des Linsenschleifens und baut seine eigenen Mikroskope. Damit erreicht er immerhin eine für die damalige Zeit einzigartige Vergrößerung um den Faktor 270. Vermutlich bestehen einige seiner Mikroskope aus einer einfachen Linse von sehr kurzer Brennweite, die er sich ganz dicht, nur wenige Millimeter entfernt, vor das Auge halten muss.

Genial: Geheimniskrämer Leeuwenhoek

Leeuwenhoek kommt auf die Idee, mit den Geräten praktisch und naturwissenschaftlich zu arbeiten. 1668 kann er zum ersten Mal rote Blutkörperchen sehen, später sogar sich in Bewegung befindliche durch die feinen Kapillargefäße. Sechs Jahre später beschreibt er Einzeller und Bakterien aus Gewässern und den menschlichen Speichel. 1677 untersucht er die Samenzellen von Mensch und Tier. Dabei entdeckt er auch, dass sich Insekten aus kleinen Eiern entwickeln und nicht, wie man damals glaubt, spontan aus Schmutz oder Sand entstehen. Leeuwenhoek wird Mitglied der britischen Royal Society und der französischen Akademie der Wissenschaften. Gelehrte und Könige, darunter der russische Zar Peter der Große, besuchen ihn, um einen Blick auf seine Arbeit werfen zu können. Eine besondere Eigenheit van Leeuwenhoeks ist, dass er die Kunst des Linsenherstellens als Geheimnis hütet, sodass Bakterien erst wieder beobachtet werden können, als es im 19. Jh. gelingt, technisch hochwertigere Mikroskope zu bauen. Durch die Mikroskopie wird der Mikrokosmos entdeckt und teilweise beherrschbar. Immer neue Innovationen ermöglichen Einblick in immer kleinere Welten.

Hieronymus Fabricius von Aquapendente: „Alles Leben kommt aus dem Ei" (1600)

Das Phänomen „Leben" und die Entwicklung des Menschen von der Befruchtung bis zur Geburt beschäftigt bereits die Naturforscher der Antike. Bis zum Beginn des 17. Jh. beschränken sich Forscher und Wissenschaftler darauf, die antiken Schriften auszulegen. Erst die Reformation lockert die Schranken für die biologische Forschung, und das Mikroskop tut ein Übriges dazu, das Innere von Lebewesen sichtbar zu machen.

Bereits der griechische Arzt **Hippokrates** (460–375 v. Chr.) befasst sich mit dem menschlichen Embryo und untermauert die von dem griechischen Philosophen **Anaxagoras** (500–428 v. Chr.) begründete „Präformationstheorie", wonach alle Anlagen des zukünftigen Lebens bereits im männlichen Samen vorgebildet seien und der Embryo in der weiblichen Gebärmutter nur noch wachsen müsse. Selbst die Bestimmung des Geschlechts ist dabei bereits festgelegt. Man glaubt, dass Sperma des rechten Hodens männliche, solches des linken Hodens weibliche Nachkommen hervorbringe.

Der italienische Anatom **Hieronymus Fabricius** (1537–1619) will es genauer wissen und beginnt mit dem Studium der embryonalen Entwicklung an Hühnereiern. 1600 veröffentlicht er sein erstes großes Werk zur Embryonalentwicklung: *De formatu foetu* (Über die Entstehung des Fötus). Darin beschreibt er erstmals die Bedeutung der Plazenta und schildert die Versorgung des Embryos im Mutterleib über die Nabelschnur. Untermauert werden seine Forschungsergebnisse durch eine Reihe von Abbildungen menschlicher und tierischer Embryonen, Innenansichten der schwangeren Gebärmutter und Zeichnungen der Plazenta.

! Epigenese

Der Physiologe **Caspar Friedrich Wolff** (1734–94) gilt als der eigentliche Begründer der modernen Embryologie. Wolff übt in seiner Dissertation *Theoria generationis* scharfe Kritik an der vorherrschenden Präformationstheorie. Mit seinen Untersuchungen an Hühnerembryonen zeigt er, dass sich durch eine allmähliche Spezialisierung undifferenziertes Gewebe zu verschiedenen Organen entwickelt. Dies ist die Lehre von der „Epigenese", ein Ausdruck, den **William Harvey** (1578–1657) 1651 zum ersten Mal benutzt.

Fabricius' Forschungsergebnisse animieren andere Forscher, auf dem Gebiet der Embryologie weiterzumachen. Der Engländer William Harvey ist mit Sicherheit einer seiner bedeutendsten Nachfolger. Er vertritt die Ansicht, der Mensch entstehe aus der Befruchtung durch eine Samenzelle, und widerlegt auf diesem Wege die bis dahin geltende Präformationstheorie. Von ihm stammt der Ausspruch „Omne vivum ex ovo" – Alles Leben stammt aus dem Ei. 1651 veröffentlicht Harvey sein Werk *De generatione animalium*, in dem er das Wachstum tierischer Embryonen erklärt.

Hans Lipperhey und Galileo Galilei
schauen in die Ferne (1608 und 1610)

Mit optischen Instrumenten wie Fernrohr und Mikroskop beginnt eine neue Ära in der naturwissenschaftlichen Forschung. Während

Galileo Galilei

dem Mikroskop anfangs kaum praktische Bedeutung beigemessen wird, findet das Fernrohr aufgrund seiner Anwendung in Seefahrt und Astronomie sehr bald große Verbreitung.

Als eigentlicher Erfinder des **Linsenfernrohrs** bzw. dioptrischen Fernrohrs gilt der Brillenmacher **Hans Lipperhey** (1560–1619), der in Wesel am Rhein zur Welt kommt und seit 1594 im niederländischen Middelburg lebt. Lipperhey gibt sich nicht damit zufrieden, Brillengläser für kurz- oder weitsichtige Menschen zu schleifen, ihn interessieren Dinge wie die Sterne am Himmel, die mit bloßem Auge nicht mehr exakt zu erkennen sind. Er konstruiert eine Röhre mit je einer Linse an beiden Enden. Das zugewandte Objektiv ist eine konvexe Linse und die Sammellinse, das Okular, welches sich der Betrachter ans Auge hält, eine konkave. Das Objekt kann zwei- bis zehnfach vergrößert betrachtet werden. Im Gegensatz zum späteren Kepler'schen Fernrohr zeigt das dioptrische bzw. holländische Fernrohr ein aufrechtes virtuelles Bild.

Am 2. Oktober 1608 ersucht Lipperhey die Generalstaaten in Den Haag, ihm ein Patent für das Fernrohr zu erteilen. Der Brillenmacher bekommt jedoch einen ablehnenden Bescheid: Das Patentamt vertritt die Ansicht, nicht er, sondern **Galileo Galilei** (1564–1642) sei der eigentliche Erfinder. In der Tat erfährt Galilei sehr bald von der Erfindung des Rheinländers und baut bereits 1609 ein eigenes Fernrohr, das bis in die Details dem Fernrohr Lipperheys entspricht.

Der Blick gen Himmel

Im Gegensatz zur Erfindung Lipperheys kann das Fernrohr des Galilei bereits 20- bis 30fach vergrößern. Galilei nutzt seine Erfindung für astronomische Untersuchungen. Er richtet seinen Blick gen Himmel und entdeckt die vier großen Jupitermonde, die heute noch als die **galileischen Monde** bezeichnet werden. 1610 veröffentlicht der in Padua lebende Galilei seine Entdeckungen in der Schrift *Sidereus nuncius* (Sternenbotschaft). Dem Mathematikprofessor fällt weiterhin auf, dass Venus und Mond verschiedene Phasen durchlaufen, und er untermauert damit einen Gedanken von **Nikolaus Kopernikus** (1473–1543). Dieser war der Ansicht, die Venus kreise nicht um die Erde, sondern um die Sonne. Für die Kirche ein Grund, ihn unter Androhung von Folter zu zwingen, dem heliozentrischen Weltbild abzuschwören.

Auch wenn Galilei bis an sein Lebensende unter Arrest gestellt wird, weil er sich dem Wunsch der Kirche nicht beugt: Die astronomische Forschung lässt sich davon nicht mehr beeindrucken. Und sie soll Galilei schließlich Recht geben.

! Kopernikus

1509 entwirft Kopernikus die Theorie von der Bewegung der Planeten auf Kreisbahnen und stellt damit das traditionelle geozentrische Weltbild des Ptolemäus in Frage. Diese Arbeit macht er nur Vertrauten zugänglich, um sich nicht dem Spott der Fachwelt und dem Zorn der Kirche auszusetzen.

Sein großes Werk *De revolutionibus orbium coelestium*, das eine neue geistige Epoche der Menschheit einleitet und gegen dessen Veröffentlichung er sich wegen der zu befürchtenden Opposition der Kirche lange sträubt, lässt er erst kurz vor seinem Tod drucken, das Erscheinen erlebt er nicht mehr.

Wilhelm Schickard
und seine Maschine übernehmen das Rechnen (1623)

Durch entscheidende Fortschritte in den Naturwissenschaften wie etwa in der Astronomie haben Forscher immer kompliziertere mathematische Berechnungen zu lösen. Die bis dahin bekannten mechanischen Helfer wie Rechenbrett, Rechenschieber und Rechenstäbchen des **John Napier** (1550–1617) reichen bei weitem nicht mehr dafür aus.

Das bringt einen schwäbischen Tüftler auf den Plan, eine Rechenmaschine zu konstruieren: **Wilhelm Schickard** (1592–1635). Dem Professor an der Universität Tübingen gelingt es im Jahr 1623, die vier Rechenarten Addieren, Subtrahieren, Multiplizieren und Dividieren mit seiner Maschine zu automatisieren. Getreu seinem Motto „Wer nie etwas versucht, der bringt auch nichts zuwege" ist Schickard begeistert bei der Sache. Er benutzt das Prinzip der Rechenstäbe von Napier, von denen er sechs vollständige Sätze auf Zylinder schreibt. Erstmals wird das dekadische Zählrad für die Addition und Subtraktion eingesetzt. Es besitzt zehn Zähne, erlaubt also zehn Winkelstellungen pro Umdrehung und damit das Zählen im dekadischen System. Nach einer ganzen Umdrehung schaltet ein zusätzlicher Übertragungszahn das Zählrad der höherwertigen Stelle um einen Schritt weiter (z. B. 10 Einer = 1 Zehner). Damit ist der selbsttätige Zehnerübertrag realisiert. Schickard vervollständigt seine Maschine durch eine Merkvorrichtung für Zahlen, z. B. für den Multiplikator, die man heute als Register bezeichnet.

Schickard schreibt mit berechtigtem Stolz in einem Brief vom 20. September 1623 an **Johannes Kepler** (1571–1630), dem er die Maschine widmet: „Dasselbe, was Du auf rechnerischem Weg gemacht hast, habe ich kürzlich mechanisch versucht und eine aus elf vollständigen und sechs verstümmelten Rädchen bestehende Maschine gebaut, welche gegebene Zahlen im Augenblick automatisch zusammenrechnet: addiert, subtrahiert, multipliziert und dividiert. Du würdest hell auflachen, wenn Du da wärest und sehen könntest, wie sie, so oft es über ei-

Johannes Kepler

nen Zehner oder Hunderter weggeht, die Stellen zur Linken ganz von selbst erhöht oder ihnen beim Subtrahieren etwas wegnimmt."
Von der **Rechenmaschine** werden nur zwei Exemplare hergestellt, die einem Brand in Tübingen zum Opfer fallen. Wilhelm Schickards Idee ist wohl in den Wirren des Dreißigjährigen Krieges untergegangen. Die Rekonstruktion der Rechenmaschine gelingt erst 1957 dem Tübinger Professor **Bruno Baron von Freytag Löringhoff** (1912–96).

! Rechenstäbe

Ein besonderes Rechenmittel sind die Rechenstäbe des Schotten John Napier (1550–1617). Auf ihnen ist das Kleine Einmaleins verzeichnet, und die Multiplikation wird mit ihrer Hilfe auf die Addition von Teilprodukten zurückgeführt. Einmaleins-Tafeln sind seit dem Altertum bekannt. Sie finden sich bereits bei Pythagoras (580–500 v. Chr.) und werden deshalb häufig nach ihm benannt. Der schottische Baron Napier trennt in seiner Einmaleins-Tafel jeweils die Zehner- und die Einerstelle durch Diagonalen. Oben steht die Zehnerziffer. Für den Rechenstab zerschneidet er die Tafel in senkrechte Streifen und klebt diese auf Holzstäbe. Von jedem Stab werden mehrere Kopien angefertigt; damit lassen sich dann beliebige Multiplikationen und Divisionen durchführen.

Die Binärdarstellung von Zahlen

Blaise Pascal

Auch andere Mathematiker versuchen um diese Zeit, eine Rechenmaschine zu konstruieren, etwa der Franzose **Blaise Pascal** (1623–62). Bei seinem Automaten, den er für seinen Vater, einen Steuerbeamten, anfertigt, steht das Addieren im Vordergrund. Nicht zu vergessen die „lebendige Rechenbank" des Philosophen **Gottfried Wilhelm Leibniz**

Gottfried Wilhelm Leibniz

(1646–1716), die er 1673 der Royal Society vorstellt. Die kostspielige Maschine – Leibniz soll nach eigenen Angaben 24.000 Taler aufgewendet haben – ist nicht geeignet, in Serie produziert zu werden. Immerhin entwickelt Leibniz für seine Rechenmaschine schon das für die moderne Computertechnik so wichtige Konzept der Binärdarstellung von Zahlen.

William Harvey
und der große und der kleine Blutkreislauf (1628)

Funktion und Arbeitsweise von Herz und Blutgefäßen sind im 17. Jh. trotz naturwissenschaftlicher Entdeckungen immer noch auf dem Stand der antiken Medizin. Der griechische Arzt **Galen** (131–201 v. Chr.) aus Pergamon und seine Theorie der Blutbewegung und Bildung des „Spiritus“ prägte die Medizin nachhaltig. Danach werden die Nährstoffe von den Därmen in die Leber gebracht, wo der göttliche „spiritus naturalis“ die Nahrung immer wieder in neues Blut umwandelt, wenn das Blut im menschlichen Körper versickert ist. Galen ist der Überzeugung, dass sich das Blut zwischen der einen und der anderen Gruppe der Blutgefäße hin und her bewegt, wobei es das Herz von rechts nach links durchströmt. Um den Durchfluss des Blutes durch das Herz zu erklären, behauptet er, dass es winzige Öffnungen in der dicken muskulösen Trennwand geben müsse, die das Herz in eine rechte und linke Hälfte teilen. Diese Öffnungen werden niemals entdeckt. Doch Ärzte und Anatomen glauben noch 17 Jahrhunderte nach Galens Tod an ihre Existenz. Galens Theorie über die Bewegung des Blutes stützt sich auf den Glauben, dass die Natur nichts vergeblich tut. Er ist der Meinung, dass jedes Organ für einen bestimmten Zweck von Gott geschaffen wird.
Die heute vielfach als selbstverständlich betrachtete Heilung vieler Krankheiten und die Verlängerung der Lebenserwartung verdanken wir u. a. der Entdeckung des (großen) Blutkreislaufes und der Funktion des Herzens als dessen Antriebspumpe. Damit revolutioniert **William Harvey** (1578–1657) 1628 die Medizin seiner Zeit und legt den Grundstein der modernen Physiologie.
Der Arzt am englischen Hof entwickelt eine Vorstellung von der Blutzirkulation im menschlichen Körper, die im Gegensatz zu der damals vorherrschenden Lehrmeinung stand. In seinem 1628 veröffentlichten *De Motu Cordis* (Die Bewegung des Herzens und des Blutes) beschreibt Harvey die zwei Kreislaufsysteme: eines vom Herzen durch den Körper und zu-

rück zum Herzen (großer Kreislauf), das andere vom Herzen zur Lunge und wieder zurück (kleiner Kreislauf). Seine Theorie untermauert der Engländer mit zahlreichen Experimenten und anatomischen Sektionen. Er untersucht das Herz und seziert Blutgefäße, er misst die Blutmenge, die in einer bestimmten Zeit das Herz passiert und unterbindet Hauptvene und Aorta. Harvey kann mit seiner Arbeit die Lehre Galens vollständig wiederlegen: Das Blut versickert nicht, sondern das aus dem Herzen gepumpte Blut fließt wieder dorthin zurück. Da ihm

Marcello Malpighi, Portrait (Gemälde von Cignani)

der Gebrauch des Mikroskops nicht vertraut ist, kann Harvey nicht nachweisen, wie das Blut aus den Arterien in die Venen gelangt. Die Entdeckung der Kapillargefäße gelingt dem Embryologen und Zoologen **Marcello Malpighi** (1628–94) erst im Jahr 1661.

? Schon gewusst?

Die ersten Äußerungen über einen Lungenkreislauf finden sich bei **Ibn an-Nafis** (1210–80) aus Kairo. Im Abendland bringt der spanische Arzt **Miguel Serveto** um 1550 einen ersten Hinweis auf den kleinen Kreislauf. Serveto wird 1553 zusammen mit seinen Schriften öffentlich verbrannt, nachdem man ihn als Ketzer verurteilt hatte. Eine erste Vorstellung vom großen und kleinen Kreislauf äußert **Andrea Cesalpino** (1524–1603), Arzt von Papst Clemens VIII. (1536-1605).

Ein Schritt nach vorn: Injektionen und Bluttransfusionen

Die Entdeckung des Blutkreislaufs erschließt völlig neue Therapiemöglichkeiten. Hat man sich bis dahin auf einfache Aderlass-Behandlungen beschränkt, bieten sich nun zwei völlig neue Behandlungsarten: die intravenöse Injektion und die Bluttransfusion. Der Chirurg Sir **Christopher Wren** (1632–1723) führt 1664 als Erster eine intravenöse Injektion am Menschen durch. Da diese häufig Thrombosen und Embolien nach sich ziehen, werden die Injektionen allerdings bis ins 19. Jh. hinein nicht praktiziert. 1666 nimmt **Richard Lower** (1631–91) eine Bluttransfusion zwischen

Schafen vor, 1667 überträgt Jean Baptiste Denis in Paris Blut vom Schaf auf den Menschen. Tödliche Komplikationen führen zu einem Verbot weiterer Transfusionen, die erst 1901 nach Entdeckung des Blutgruppensystems wieder aufgenommen werden.

Otto von Guericke
und der „luftleere" Raum (1654)

Ist der Kosmos von „wirbelndem Äther" erfüllt oder ist der Raum zwischen den Gestirnen leer? Bis ins 17. Jh. glauben Philosophen und Naturforscher eher **Aristoteles** (384–322 v. Chr.), der den Begriff des **„Horror vacui"** (lateinisch, Abscheu vor der Leere) prägte, als den Ideen junger Wissenschaftler, die von die Existenz eines Vakuums überzeugt sind. Aus Angst vor dem Nichts verneint Aristoteles die **Existenz des Vakuums** in der Natur. Die Kirche des Mittelalters steht fest in dieser Tradition, jede gegenteilig geäußerte Meinung wird mit Ketzerei gleichgesetzt. Die Existenz des Nichts steht schließlich im Widerspruch zur Allgegenwart Gottes.

Otto von Guericke und seine erste Luftpumpe

Die Idee des Vakuums

Vakuum ist, wo nichts ist. Wenigstens meinten dies die alten Römer, denn das lateinische Wort „vacuus" bedeutet „leer". Erste Theorien über die Existenz einer Leere entstehen bereits im 5. Jh. v. Chr. Der griechische Philosoph **Leukipp** oder sein Schüler **Demokrit** vertreten die Ansicht, dass die Materie aus unteilbaren Atomen

? Schon gewusst?

Auch als einer der Vorreiter der Wettervorhersage macht sich **Otto von Guericke** einen Namen. So konstruiert er ein mit Wasser gefülltes zwei Meter langes verschlossenes **Barometer**, mit dessen Hilfe er 1660 das Wetter vorhersagt. Er beobachtet die Schwankungen des Luftdrucks, misst mit verschiedenen Thermometern die Veränderungen der Lufttemperatur und schließt damit auf die Wetterlage. Das Barometer bekommt den Namen „Magdeburger Wettermännchen".

aufgebaut ist, die sich im leeren Raum, also im Vakuum, bewegen. Rund 2000 Jahre später, 1644, erbringt der italienische Physiker **Evangelista Torricelli** (1608–47) den ersten Beweis. Ein mit Quecksilber gefülltes Glasrohr wird in eine Schale gesteckt, in der sich ebenfalls Quecksilber befindet. Je nach Luftgewicht, das auf der Schale lastet, sinkt der Quecksilberspiegel im Innern der Röhre. Über dem Spiegel befindet sich ein luftleerer Raum. Seine Forschungen erregen schnell in ganz Europa großes Aufsehen.

Die Magdeburger Halbkugeln

Populär wird das Vakuum durch den Magdeburger Politiker und Ingenieur **Otto von Guericke** (1602–86). Ihm gelingt es, die These Aristoteles zu wiederlegen. Er beweist, dass Gase oder Flüssigkeiten nicht von der Leere angesaugt, sondern vom Umgebungsdruck beeinflusst werden.

! Vakuum im Alltag

Staubsauger erzeugen Unterdruck, um ihrer Arbeit nachzugehen. Daher heißen die Saubermacher im Englischen auch „vacuum cleaner". Derselbe Effekt tritt auf, wenn man eine Flüssigkeit mit einem Strohhalm aufsaugt. Kaffeeverpackungen wird Luft entzogen, damit das Pulver länger frisch bleibt. Und beim Einwecken von Obst und Gemüse entsteht ein Unterdruck, der den Deckel an den Behälter zieht. Thermosflaschen nutzen einen Unterdruck zwischen zwei Stahlwänden, um Kaltes länger kalt und Warmes länger warm zu halten. Mit Vakuum lassen sich sogar Dämmplatten für Häuser herstellen. Und selbst in einer Fernsehröhre ist die Leere wichtig, damit die Elektronen auf ihrem Weg zur Mattscheibe keinen zerstörerischen Begegnungen ausgesetzt sind.

Otto von Guericke bei seinem Versuch mit den Magdeburger Halbkugeln

Mit Hilfe der von ihm erfundenen Vakuumluftpumpe schafft er es tatsächlich, ein Vakuum herzustellen und damit zu experimentieren. Mit den **Magdeburger Halbkugeln** demonstriert er am Hof des Kurfürsten Friedrich Wilhelm Effekte des Luftdrucks. Dafür setzt er zwei große Halbkugeln zu einer ganzen zusammen und pumpt rasch die Luft aus der Kugel, wodurch ein Unterdruck entsteht. Anschließend lässt er an jeder Halbkugel acht Pferde anspannen, die vergeblich versuchen, die Kugeln voneinander zu trennen. Der äußere Luftdruck presst die Magdeburger Kugeln mit großer Kraft zusammen, weil kein **Gegendruck** vorhanden ist. Sie können erst wieder getrennt werden, nachdem Luft in die Kugeln strömt. Richtig leer waren die Magdeburger Halbkugeln natürlich nicht, denn eine solche Leere kann selbst mit den besten Vakuumpumpen nicht erreicht werden. Selbst das V**akuum im Universum** ist nicht perfekt. Es beinhaltet immer noch einige Wasserstoffmoleküle pro Kubikmeter.

Isaac Newton
und das Gesetz der Gravitation (1687)

Vor Newtons (1643–1727) Forschungen sind die physikalischen Grundlagen der Welt kaum be-

Isaac Newton

kannt. Durch ihn weiß man, dass sich die Welt mit exakten mathematischen Gesetzen beschreiben lässt. Eines Tages soll der Mathematikprofessor aus Cambridge grübelnd unter dem Apfelbaum seines elterlichen Landgutes gesessen haben, als ihm ein Apfel auf den Kopf fällt. Das bringt ihn auf den Gedanken, die Himmelsmechanik könne auf derselben Gravitationskraft beruhen wie der Fall von Äpfeln auf die Erde.

Seit Keplers Erkenntnissen zu Planetenbewegungen weiß man zwar, wie die Planetenbahnen aussehen, doch der Grund dafür ist noch unbekannt. Ausgehend von der These, dass es eine grundsätzliche Anziehungskraft zwischen Sonne und Planeten gibt, um das System im Gleichgewicht zu halten, beginnt Newton über die Wechselwirkungen zwischen Körpern und damit über die Grundlagen der Bewegung nachzudenken. Die **Kepler'schen Gesetze** über den Lauf der Planetenbahnen lassen sich nur erklären, wenn es nicht nur eine An-

Der Halley'sche Komet

Kometen sind Himmelskörper, die aus Gas und kleineren Eis- und Gesteinsbrocken bestehen. Sie umkreisen unser Sonnensystem, aber auf ganz anderen Bahnen als die Erde. Einige kommen ziemlich dicht an die Sonne heran. Nähert sich ein Komet der Sonne, bildet er einen Schweif. Am bekanntesten ist der so genannte **Halley'sche Komet**, ein periodischer Komet. Er ist nach **Edmond Halley** (1656–1742) benannt, der 1682 als Erster seine genaue Bahn berechnet und seine Wiederkehr für 1758 voraussagte. Bekannt ist der Komet bereits seit etwa 240 v. Chr. Eine der ersten Darstellungen des Kometen findet sich auf dem Teppich von Bayeux. Dieser gehört zu den kostbarsten bildlichen Quellen des Mittelalters. Der Teppich ist 70 Meter lang und ca. 50 Zentimeter hoch. Er entstand in der Normandie und erzählt die Überfahrt, Landung und Eroberung Englands durch Herzog Wilhelm I. von der Normandie (um 1027–87), die nur wenige Jahre zurückliegt. Die Stickerei hängt heute im Musée de la Reine Mathilde in Bayeux (Calvados).

Teppich von Bayeux (Ausschnitt)

ziehungskraft der Sonne, sondern auch eine der Planeten untereinander gibt. Newton formuliert zum Abschluss seiner Überlegungen und Diskussionen mit seinem Kollegen, dem Geometrieprofessor **Edmond Halley** (1656–1742) aus Oxford, drei Gesetze zur Bewegung. Sie machen ihn zum Begründer einer völlig neuen Wissenschaft, der Dynamik.

Eine Anziehungskraft, der alle unterliegen

Die Gesetze, auch bekannt unter dem Namen Newton'sche Axiome, lauten: „Jeder Körper beharrt in seinem Zustand der Ruhe oder der geradlinigen gleichförmigen Bewegung, wenn dieser nicht durch Kräfte von außen geändert wird. Die Änderung der Bewegung ist der Einwirkung der bewegenden Kraft proportional und geschieht nach der Richtung, nach der die Kraft wirkt. Die Wirkung zweier Körper aufeinander ist stets gleich und von entgegengesetzter Richtung." Daraus schließt Newton, dass es eine **Anziehungskraft** gibt, der sämtliche Körper im Weltraum unterliegen. Seine historische Leistung besteht in der Formulierung eines umfassenden **Gravitationsgesetzes**. Es besagt, dass die wechselseitige Anziehungskraft von der Masse der Körper und ihrer Entfernung abhängt: Die gravitationsbedingte Anziehung zwischen zwei Körpern ist direkt proportional zum Produkt ihrer Massen und indirekt proportional zum Quadrat ihrer Entfernungen.

Die Vorstellung, dass absolut jeder Körper im Universum dem Gesetz der Gravitation unterliegt, stellt einen Wendepunkt in der Geschichte der Wissenschaft dar. Seine Theorie veröffentlicht Newton 1687 in seinem Werk *Philosophiae Naturalis Principa Mathematica*, in dem er außerdem die Gezeiten erklärt, die Grundlagen der Potenzialtheorie legt und Strömungsvorgänge behandelt.

Stephen Hales
misst den Blutdruck (1726)

Kreislauferkrankungen können heute wirksam behandelt werden, weil sowohl der **Blutkreislauf** als auch die Kontrolle seiner Dynamik bekannt sind. Es gab jedoch Zeiten, in denen das Konzept eines Kreislaufs nicht akzeptiert war. Der griechische Anatom **Galenus** (129–216) etwa erklärte die Leber zum Zentrum des Blutsystems. Dieser und andere Irrtümer werden durch *De Motu Cordis* (Von den Bewegungen des Herzens) aus dem Weg geräumt, einer bahnbrechenden Arbeit von **William Harvey** (1578–1657), die 1628 veröffentlicht wird. „Ebenso wie der König die erste und höchste Autorität im Staate ist", erklärt Harvey, „regiert das Herz den ganzen Körper!" Ein noch größerer Beitrag ist seine Erkenntnis, dass Blut zirkuliert.

Blutige Versuche

Stephen Hales (1677–1761), ein Hilfspfarrer im englischen Dorf Teddington, erkennt rund 100 Jahre später, dass Harveys stetiger Blutkreislauf in Wirklichkeit Schwankungen unterworfen ist. In einer Folge von Experimenten mit Pferden, einem Schaf, einer Damhirschkuh und einer Auswahl von Hunden, definiert Hales den Begriff **„Blutdruck"**. Sein entscheidendes Experiment macht er 1726. In die Arterie einer Stute führt er eine schmale Messingtube ein, die mit einer drei Meter langen senkrechten Glasröhre verbunden ist. Der Druck des Kreislaufs treibt das Blut im Glasrohr auf eine Höhe von gut zwei Metern an. Das Blut steigt und fällt im Takt mit dem Herzschlag. Hales erkennt, dass der Höhepunkt des Drucks die Anstrengung des sich zusammenziehenden Herzens widerspiegelt. Da diese Methode nicht auf den Menschen übertragen werden kann, bleibt sie jedoch zunächst ohne Einfluss auf die Medizin.

Bis in das 19. Jh. hinein stehen keine Messgeräte zur Verfügung. Erst 1881 stellt **Ritter von Basch** (1837–1905) in Wien ein Instrument vor, mit dem der Blutdruck nicht mehr intraarteriell (durch die Arterie) gemessen wird: Der zur Unterdrückung des Pulses aufgebrachte Gegendruck wird unblutig ermittelt. Mit diesem **„Sphygmomanometer“** können Ärzte fortan den Blutdruck und seine Veränderungen genau kontrollieren. Die Erklärung der Blutdruckwerte blieb jedoch unter Medizinern lange Zeit umstritten: Noch um die Jahrhundertwende glauben viele von ihnen, der Blutdruck sei Maß für die Herzkraft – nicht Herzarbeit – und ein hoher Blutdruck somit Ausdruck für eine gute Gesundheit.

Der Prototyp des modernen Messgeräts

Den Prototyp der noch heute verwendeten Instrumente entwickel 1896 der italienische Kinderarzt **Scipione Riva-Rocci** (1863–1937). Der in Turin arbeitende Arzt denkt bei den unzulänglichen und blutigen Methoden der Blutdruckmessung hauptsächlich an Kinder und beginnt ab 1890 mit der Entwicklung eines schmerzlosen Blutdruckmessverfahrens. 1896 führt er seinen Prototypen des modernen Blutdruckmessgerätes zur indirekten Bestimmung des Blutdrucks vor. Es verfügt bereits über eine aufblasbare Staumanschette und ein Quecksilbermanometer, mit dem er die erste äußerliche Blutdruckmessung am Oberarm einer Person durchführt. Noch heute spricht man ihm zu Ehren von der „RR“ (Riva-Rocci), wenn der Blutdruck gemeint ist.

Der russische Militärarzt **Nikolai Segejewitsch Korotkow** (1874–1920) verbessert 1905 die von Riva-Rocci angegebene Methode, indem er das **Stethoskop** zur Bestimmung des Blutdrucks einsetzt. Die typischen **„Korotkowschen Geräusche“** (oder Töne) entstehen bei der Verwirbelung des Blutes. Ab Ende der 1920er-Jahre sind Blutdruckmessgeräte nach dem System von Riva-Rocci häufiger in ärztlichen Praxen anzutreffen. Der erste vollautomatische Blutdruckmesser als

Vorläufer der modernen 24-Stunden-Blutdruckgeräte kommt 1968 auf den Markt. Seit 1976 gibt es handliche, leicht zu bedienende elektronische **Selbstmessgeräte**, die auch in den Händen von Patienten die Blutdruckbestimmung ohne Arzt oder Heilpraktiker erlauben. Eine weitere Neuerung gibt es seit 1989, sie erlaubt nun die **ständige Blutdruckkontrolle** am Zeigefinger. Seit 1992 schließlich existieren elektronische Messgeräte für das Handgelenk auf dem Gesundheitsmarkt.

? Schon gewusst?

Der Blutdruck wird durch zwei Zahlen, getrennt durch einen Querstrich, angegeben, z. B. 140/90 mmHg. Dabei bedeutet die erste größere Zahl den **systolischen**, die zweite kleinere Zahl den **diastolischen Blutdruck**. „mmHg" gibt die Messeinheit an, d. h. bei einem Blutdruck von 140/90 vermag der systolische Druck eine Quecksilbersäule 140 mm, der diastolische 90 mm nach oben zu drücken. Der systolische Druck ist der maximale Druck, der entsteht, wenn sich das Herz während der Pumpphase (= Systole) zusammenzieht (kontrahiert). Der diastolische Druck besteht in der Phase, in der das Herz erschlafft und sich wieder mit Blut füllt (= Diastole).

Benjamin Franklin
und der gezähmte Blitz (1752)

Benjamin Franklin

Der Blitz ist eine faszinierende und zugleich auch beängstigende Himmelserscheinung. Bei den alten Griechen, Römern und Germanen wird er der Laune von Zeus, Jupiter und Donar zugeschrieben. Erst 1752 beweist der amerikanische Staatsmann und Verleger **Benjamin Franklin** (1706–90), dass der Blitz einer elektrischen Entladung entspricht. Wie so oft, ist der Zufall Vater des Gedankens – diesmal ein heftiges Sommergewitter in Philadelphia. Franklin lässt gerade einen **Flugdrachen** steigen, als dieser vom Blitz getroffen wird. Durch den Blitz, der durch die Drachenschnur abgeleitet wird, bekommt der Diplomat und Politiker einen leichten Stromschlag. Das Phänomen, dass sich elektrisch geladene Körper durch zugespitzte Leiter entladen können, lässt Franklin keine Ruhe. Am 1. September

Blitzableiter von Benjamin Franklin

1752 montiert er an seinem Haus einen mit einer Stahlspitze versehenen Eisenstab, der zwei Meter über das Dach hinausragt. Geerdet wird die Stange durch eine 1,5 Meter tief in den Boden reichende Leitung. Der Blitzableiter funktioniert: Er fängt den Blitz auf und leitet ihn ins Erdreich ab. Doch warum? Ein Blitz sucht sich stets den am besten leitenden Weg. Der **Blitzableiter** ist deshalb am höchsten Punkt des zu schützenden Objektes angebracht und mit dem Boden verbunden. Damit stellt er für den Blitz einen idealen Einschlagspunkt dar. Die hohe Energie wird durch den Blitzableiter umgelenkt und kann deshalb keinen Schaden mehr anrichten.

Benjamin Franklin bei einem seiner Experimente

Auch wenn die Kirche sich gegen diese Konstruktion – ein Frevel wider die Wunder Gottes – jahrelang zur Wehr setzt, 20 Jahre später hat sich diese bahnbrechende Erfindung Franklins durchgesetzt. Auch auf den Kirchtürmen. Erst im 20. Jh. finden Forscher heraus, dass abgerundete Enden wirkungsvoller sind als spitze.

Bester Schutz: der Faraday'sche Käfig

Den besten Schutz vor einem Stromschlag während eines Gewitters bietet der so genannte Faraday'sche Käfig. Diese Erkenntnis kommt 1836 dem ehemaligen Buchbinderlehrling und späteren Naturforscher **Michael Faraday** (1791–1867). Er findet heraus,

Michael Faraday

dass eine Person im Innern eines unter Strom gesetzten Metallkäfigs nicht der geringsten Gefahr eines elektrischen Schlags ausgesetzt ist – selbst wenn sie den Käfig berührt. So beispielsweise die Insassen eines Autos. Ein Blitzschlag in den Wagen trennt die Ladungen innerhalb des Karosserieblechs, und es wird ein Feld aufgebaut, das den Blitz kompensiert. Die Erdung über den Kontakt mit der Straße leitet den Blitz in den Boden ab.

? Schon gewusst?

Die relativ einfach zu installierenden Blitzableiter setzen sich schnell durch. Vor allem die Kirche (weil sie die höchsten Bauwerke zu schützen hat) und das Militär sind an ihnen interessiert. Letzteres besitzt – an wenigen Stellen konzentriert – Pulvermagazine, die zwar sehr viel seltener, aber umso folgenreicher in die Luft gehen können.

Giovanni Battista Morgagni
begründet die Organpathologie (1760)

Steht man **Leichenöffnungen** im Mittelalter noch sehr skeptisch gegenüber, so erkennt man im 17. Jh. die einzigartige Bedeutung des

Giovanni Battista Morgagni

Studiums am toten Menschen: Dieses erlaubt Rückschlüsse auf den lebendigen Körper und dessen Krankheiten. In ihrer heutigen Form geht die **Pathologie**, die Lehre von den Krankheiten, auf den italienischen Arzt **Giovanni Battista Morgagni** (1682–1771) aus Padua zurück, der mit seinem fünfbändigen Werk *De sedibus et causis morborum* (Vom Sitz und den Ursachen der Krankheiten) 1761 die **pathologische Anatomie** begründet und damit die Basis für zukünftige wissenschaftliche Forschungen schafft. Seine Abhandlung, der rund 700 Leichenöffnungen **(Autopsien)** vorausgehen, zeigt die Wechselwirkungen zwischen klinischen Symptomen und Autopsiebefunden auf. Nicht mehr die anatomische „Zergliederungskunst“ des menschlichen Körpers steht nun im Vordergrund, sondern mögliche Wechselwirkungen zwischen Krankheiten und Organveränderungen. Morgagnis oberstes Ziel besteht darin, die Beziehungen zwischen

Tickets für Sezierungen

Das „Theatrum anatomicum" der frühen Neuzeit befindet sich noch nicht in den verschlossenen Hallen der Universitäten, sondern wird häufig im Freien und gelegentlich sogar auf Marktplätzen errichtet. Hämmern und Sägen der Zimmerleute kündigen die bevorstehende Sektion an. Riecht es nach frischem Holz, weiß man, dass die Zergliederung eines menschlichen Leichnams unmittelbar bevorsteht. Fast immer sind es Hingerichtete oder Selbstmörder, die in aller Öffentlichkeit – das städtische Bürgertum kann Eintrittskarten erwerben – vom Anatomen der städtischen Universität zergliedert werden. Durch ihre verbrecherische Tat haben sie sich aus der menschlichen Gemeinschaft und der Kirche ausgeschlossen. Meist sind es Männerleichen, in Ausnahmefällen aber auch Frauenkörper, häufig von Kindsmörderinnen, die unter den Augen der Öffentlichkeit vom Kopf bis zu den Füßen präpariert werden. Es muss schnell gearbeitet werden, denn Konservierungsmittel gibt es nicht, und schon nach wenigen Tagen liegt schwerer süßlicher Verwesungsgeruch über dem Sektionsplatz. Bereits am Ende des 16. Jh. beginnt jedoch der Rückzug der Humansektion aus der Öffentlichkeit in die stille Abgeschiedenheit der Universitäten.

Krankheitssymptomen, Krankheitsverlauf und Sektionsbefund darzulegen.

Die Begründung der Organpathologie

Jede Erkrankung führt nach Morgagni zu einer anatomischen Veränderung. Bei der Beschreibung der Krankheiten vergleicht er systematisch die pathologischen Befunde von Menschen, die an der gleichen Krankheit gestorben sind. Es gelingt ihm mit Hilfe der gefundenen **anatomischen Veränderungen** die am Kranken beobachteten Phänomene zu beschreiben und erklären. Er verfolgt das **Symptom** bis zum **Organ**, aus dem es entspringt. Dabei ist ihm klar, dass es unter der Wirkung krank machender Faktoren zu anatomischen Veränderungen in den Organen kommt. Diese sind wiederum nicht zufällig, sondern bestimmen das Krankheitsbild. Morgagni stellte die von ihm begründete pathologische Anatomie in den Dienst der **Diagnostik**.

Wider Gotteslästerung und Leichenfledderei

Auch nach Morgagnis Veröffentlichungen bleiben Autopsien unter

Forschern umstritten. Die Kirche wehrt sich unbeirrt gegen derartige Gotteslästerungen (wie soll der Tote dann noch wieder auferstehen?). Es finden kaum noch Leichenöffnungen statt, da die sezierenden Professoren sich später um die Beseitigung der Überreste kümmern müssen – was Geld kostet. Erst Ende des 18. Jh. werden Fachvertreter – so genannte **Prosektoren** (lateinisch prosecare = vorschneiden) –, die eigens für die Sektionen verantwortlich sind, an Krankenhäuser und Universitäten bestellt. Während der Professor seine Vorlesung in Anatomie hält, zeigen die Prosektoren, meist Chirurgen oder Wundärzte, die organisch-anatomischen Veränderungen an der Leiche auf. Der erste Prosektor nimmt 1796 am Wiener Allgemeinen Krankenhaus seine Arbeit auf. Der erste **Lehrstuhl für Pathologie** wird 1819 in Straßburg eingerichtet (**Jean-Frédéric Lobstein** 1777–1835). Zu Beginn des 19. Jh. entdeckt man mit Hilfe des Mikroskops bei Sektionen die Eigenschaften bestimmter Gewebe. Erscheinungen wie Entzündung, Thrombose und Krebs können weitgehend, etwa durch **Rudolf Virchow** (1821–1902), geklärt werden.

Rudolf Virchow

James Watt
und die Niederdruck-Dampfmaschine (1765)

Mit fortschreitender Technik zeichnet sich Ende des 17. Jh. ab, dass Muskel-, Wasser- und Windkraft bald nicht mehr ausreichen, die immer zahlreicher und vielfältiger werdenden Arbeitsmaschinen anzutreiben.

Besonders deutlich wird dies im **Bergbau**, der in immer größere Tiefen vordringt, um die notwendigen Rohstoffe abzubauen. Der Antrieb der Pumpen, mit denen das in die Gruben einströmende

Fördergerüst eines Kohlebergwerks mit Dampfkran

Wasser entfernt werden muss, ist dabei das größte Problem. Gelöst wird es mit der **Dampfmaschine**, die schließlich zu einer Triebfeder der **Industriellen Revolution** wird.

Der lange Weg zur Dampfmaschine

Versuche, eine Dampfmaschine zu erbauen, gibt es einige. Der Franzose **Denis Papin** (1647–1712) und der Engländer **Thomas Savery** sind wohl die bekanntesten Tüftler auf diesem Gebiet. Beide bemühen sich unabhängig voneinander um die Wende vom 17. zum 18. Jh., Dampfmaschinen zu bauen oder, wie man damals sagt, „mit Feuer Was-

? Schon gewusst?

Das erste von Dampf angetriebene Gerät, der **Äolsball**, erfindet bereits im 1. Jh. der griechische Mathematiker **Heron von Alexandria**. Durch zwei Rohre führt Heron Wasserdampf in die Hohlkugel. Der Dampf tritt aus den beiden Düsen aus und durch den Rückstoß beginnt die Kugel sich zu drehen. Der Äolsball ist für Heron allerdings nur eine kleine wissenschaftliche Spielerei.

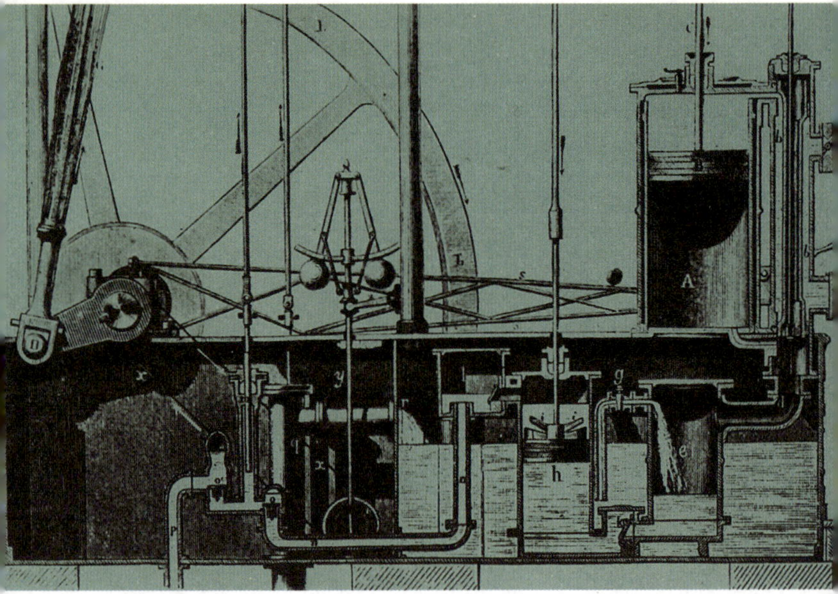

Querschnitt durch die Niederdruck-Dampfmaschine

ser zu heben". Papin, Erfinder des Schnellkochtopfs, berichtet 1690 von einer selbst konstruierten Dampfmaschine. Es handelt sich im Wesentlichen um einen Zylinder, in dem sich etwas Wasser und ein eingeschliffener Kolben befindet. Wenn man den Zylinder von außen abwechselnd erhitzt und abkühlt, bewegt sich der Kolben und man kann die mechanische Arbeit nutzen. Es war die erste funktionierende **Wärmekraftmaschine**. 1698 ächzt und quietscht in England die erste Dampfmaschine der Welt: Konstruiert hat sie der britische Waffentechniker **Thomas Savery**, um sickerndes Grubenwasser aus den Stollen eines Bergwerks herauszupumpen. Allerdings erweist sich die Maschine als nicht besonders effektiv.

Der „Freund der Bergleute"

Die erste verwendbare Dampfmaschine, die in **Bergwerken** die Pumpen antreiben sollte, konstruiert 1712 der englische Schmied **Thomas Newcomen**. Die Maschine arbeitet nach dem atmosphärischen Prinzip, das heißt, der Luftdruck erbringt die Leistung. Sie erzeugt durch Einspritzen von Wasser in einen mit Dampf gefüllten Zylinder einen Unterdruck gegenüber der Atmosphäre. Durch diesen Druckunterschied wird der Kolben im Arbeitshub in Richtung des abkühlenden Dampfes gezogen bzw. vom Atmosphärendruck dorthin gedrückt, und anschließend durch das Eigengewicht der anzutreibenden Pumpenstange wieder in die Ausgangsposition zurückgeführt. Newcomens „Freund der Bergleute" erobert rasch die englischen Kohlegruben, als **John Smeaton** (1724–1792) es schafft, den Energieverbrauch der Maschine auf die Hälfte zu reduzieren.

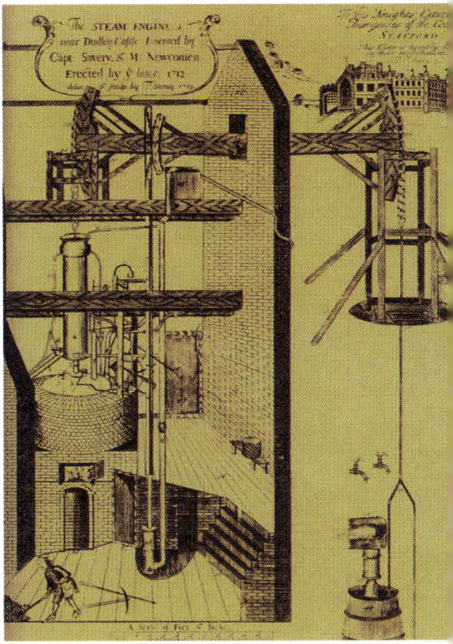

Dampfmaschine von Thomas Newcomen für das Coneygre-Kohlebergwerk in Staffordshire

Einem Zufall ist es zu verdanken, dass die Wirkungsweise der atmosphärischen Dampfmaschine optimiert wird. Der Mechaniker **Ja-**

Boulton & Watt

Als Watts Finanzier, der Eisenfabrikant **John Roebuck** 1773 in Konkurs geht, werden der Erfinder und sein Projekt vom Gläubiger **Matthew Boulton** übernommen. Zusammen gründen sie **Boulton & Watt** und errichten 1775 eine Dampfmaschinenfabrik in Soho bei Birmingham.
Watts Dampfmaschine ermöglicht gegenüber den Vorläufermodellen eine Kohlenersparnis von über 60 Prozent; die Firma Boulton & Watt kassiert von den Betreibern regelmäßig eine Drittel der gesparten Betriebskosten als Lizenzgebühr.

mes Watt nimmt 1765 den Auftrag an, eine Newcomen-Maschine zu reparieren – eine Arbeit, die zum Ausgangspunkt seiner großartigen Weiterentwicklung werden soll.

Hohe Leistung, weniger Kohle

Sofort fällt Watt auf, dass die „Feuermaschine" Newcomens mit einem immensen **Wärmeverlust** arbeitet, was einen gigantischen Einsatz von Brennstoff erfordert. Um das wechselweise Aufheizen und Abkühlen des Zylinders zu umgehen, verlegt Watt die Kondensation in einen separaten Behälter, den **Kondensator**. Der Zylinder ist von einem Dampfmantel umgeben, um die Temperatur konstant hoch zu halten; die Arbeitswirkung des atmosphärischen Luftdrucks verrichtet jetzt der Dampf. Der Mechaniker meldet seine Erfindung einer direkt wirkenden **Niederdruck-Dampfmaschine** (Niederdruck = geringer Grad des Dampfausstoßes) zum Patent an. 1769 wird es ihm erteilt.

Edmund Cartwright
und der mechanische Webstuhl (1785)

Die industrielle Revolution bringt die bis dahin bedeutendste Umwälzung von Wirtschaft und Gesellschaft in der Menschheitsgeschichte mit sich. Von England breitet sie sich allmählich in ganz Europa aus, wo sie das Leben der Menschen entscheidend verändert. Ein Pfarrer aus Nottingham gibt der Textilherstellung mit der Entwicklung des mechanischen Webstuhls schließlich den alles entscheidenden Schub für die Zukunft.
Seit Beginn des 18. Jh. konzentriert sich die Entwicklung von Maschinen für das Textilgewerbe auf England. Zuvor wurde um 1600 in Sachsen das Flügelspinnrad erfunden, mit dem der Faden gleichzeitig gesponnen und auf ei-

ne Spule gewickelt werden kann. Mit der Erfindung des fliegenden Weberschiffchens (Schnellschütz) von **John Kay** (1704–64) erfolgt 1733 ein weiterer Innovationssprung. Arbeiter können nun schneller Stoffe herstellen und damit mehr produzieren. Die Nachfrage nach Garn schnellt in die Höhe. Um den riesigen Bedarf an Garn zu decken, das noch immer von Hand gesponnen wird, erfindet **James Hargraves** (1720–78) im Jahr 1764 die erste Spinnmaschine, die „Spinning Jenny" (benannt nach seiner Tochter). Acht Fäden werden von diesem mechanischen Handspinnrad gleichzeitig gesponnen. 1769 geht die Entwicklung noch einen Schritt weiter. **Richard Arkwright** (1732–92) konstruiert eine durch Wasserkraft getriebene Maschine für den Spinnprozess, die **„Drossel"**. Sie benutzt Walzen zum Strecken des Vorgespinstes, doch im Wesentlichen entspricht sie noch dem mittelalterlichen Spinnrad (mit Flügeln) mit Kraftantrieb. Es können nun gleichmäßige und reißfeste Baumwollfäden erzeugt werden. Im Laufe der nächsten sechs Jahre mechanisiert Arkwright auch das Spinnen vorausgehender Arbeitsgänge, das Kämmen der Rohfasern und das Ziehen des Vorgarns in Laufrichtung. Von alledem profitiert der britische Pfarrer **Edmund Cartwright** (1743–1823).

Erst belächelt, dann bestaunt

1785 baut er einen funktionierenden mechanischen Webstuhl und meldet diesen zum Patent an. Eines der wichtigsten Elemente ist das fliegende Schiffchen seines Landsmanns John Kay. Das erste gewebte Stück Stoff ist allerdings von so mangelhafter Qualität, dass damalige Handwerker die neue Maschine eher belächeln. Cartwright lässt sich nicht beirren und tüftelt weiter. 1803 schließlich präsentiert er einen einwandfrei funktionierenden mechanischen Webstuhl, der seit 1806 von einer Dampfmaschine angetrieben wird. Die Folge: Riesige Stoffmengen können produziert werden – egal ob Baumwolle, Wolle, Flachs oder Seide. 1830 gibt es in England und Schottland bereits 55.000 Webmaschinen.

? Schon gewusst?

Die rasante industrielle Entwicklung bedeutete das Aus für die traditionelle Handarbeit. Immer mehr Handwerker müssen ihre Webereien aufgeben und Arbeit in den Textilfabriken annehmen. Die Lebens- und Arbeitsbedingungen verschlechtern sich dramatisch. Ein bekanntes Beispiel für einen Kampf für bessere Arbeitsbedingungen ist der Aufstand der schlesischen Weber 1844.

Edward Jenner kämpft gegen Seuchen (1796)

Gegen Seuchen und Epidemien sind Ärzte im Europa des Jahres 1796 praktisch machtlos. Eine der größten Geißeln der Menschheit, die Pocken, verbreitet sich in Windeseile über den Kontinent und tötet nahezu jeden dritten Menschen. Ihren Höhepunkt erreicht die Seuche im 18. Jh., als ihr insgesamt etwa 60 Millionen Menschen zum Opfer fallen.

Im Orient und in China praktiziert man damals bereits eine Schutzmethode gegen die Pocken. Man überträgt den Eiter von leicht Erkrankten mithilfe einer Nadel auf Gesunde. Die Impfung ruft eine schwache Form der Erkrankung hervor und bietet danach Schutz vor weiteren Ausbrüchen. In Europa erfährt man erstmals 1713 von dieser Möglichkeit. Die Vorbeugung gegen **Pocken** ist allerdings nicht ungefährlich: Manchmal führt die künstliche Ansteckung auch zu einem heftigen Krankheitsverlauf.

Die Sache mit den Kuhpocken

Eine sichere Methode entwickelt der englische Arzt **Edward Jenner** (1749–1823). Der Sohn eines Pfarrers aus dem kleinen Dorf Berkeley wird täglich mit den Folgen der Seuche in seiner Landarztpraxis konfrontiert. Ihm kommt zu Ohren, dass Melker, die sich mit für Menschen ungefährlichen Kuhpocken infiziert haben, gar nicht oder nur leicht an Pocken erkranken. Diesen Umstand will er genauer untersuchen: Am 14. Mai 1786 entnimmt er einer Melkerin einige Tropfen Flüssigkeit aus den Bläschen von Kuhpocken an ihren Händen. Diese injiziert er einem achtjährigen Jungen in eine kleine Wunde. Die typischen Pusteln der **Kuhpocken** heilen bald ab, und Jenner verabreicht dem Jungen echte Pockenerreger. Der Junge bleibt gesund und gegen die Pocken immun, auch, als Jenner den Versuch wiederholt.

Der Vater der Schutzimpfung veröffentlicht seine Erkenntnisse im Jahr 1798. Seine Impfmethode, auch Vaccination genannt (vaccinia = Kuhpocken), verbreitet sich rasch in ganz Europa. Pocken sind seitdem kein ernsthaftes gesundheitliches Problem mehr. Die medizinischen Hintergründe der Schutzimpfung sind Jenner und seinen Zeitgenossen allerdings

Louis Pasteur

noch nicht bekannt. Auch die Ursache der Krankheit, die Erreger, nicht.
Erst der Arzt und Chemiker **Louis Pasteur** (1822–95) belebt die Immunisierung mit abgeschwächten Krankheitskeimen wieder. 1885 entwickelt er Schutzimpfungen gegen Hühnercholera, Milzbrand und Kuhpocken.

! Impfung

Das Grundprinzip jeder Impfung besteht darin, dem Körper Bestandteile eines Krankheitserregers oder eine nicht krank machende Form des Erregers zu verabreichen. So wird das Immunsystem angeregt, große Mengen an Antikörpern (Eiweißverbindungen) zu bilden. Erfolgt dann später ein erneuter Kontakt mit dem Erreger, sind Antikörper, die den Keim unschädlich machen, bereits im Körper vorhanden. Die Krankheit kann nicht ausbrechen.

Richard Trevithick
und die dampfende Lokomotive (1800)

Gerade in Zeiten rasanter industrieller Entwicklung ist eine gute Infrastruktur wichtig. Personen, vor allem aber Rohstoffe und Güter, müssen schnell und kostengünstig transportiert werden. Mit der Postkutsche war bald kein Staat mehr zu machen. Der englische Techniker und Maschinenbauer **Richard Trevithick** (1771–1833) nahm sich des Problems erfolgreich an und gehört damit zu den Begründern des Maschinenzeitalters.
Schon als junger Obersteiger im Bergbau beschäftigt sich der vielseitige Konstrukteur mit der Verbesserung der von **James Watt** (1736–1819) 1765 erfundenen Niederdruck-Dampfmaschine, die in erster Linie in der industriellen

James Watt

Produktion zum Einsatz kommt. Für den Antrieb von Fahrzeugen ist die Maschine ungeeignet. Trevithick verlegt sich deshalb auf den Bau von Hochdruck-Dampfmaschinen: Diese sind kleiner und leichter, und ihr Dampfdruck liegt deutlich über dem Druck der Atmosphäre. 1800 hat der Maschinenbauer sein Ziel erreicht; ein erstes brauchbares Modell kann patentiert werden. Nahezu zeitgleich gelingt dies auch dem amerikanischen Erfinder **Oliver Evans** (1735–1819). Allerdings erkennt Trevithick augenblicklich den Wert seiner fauchenden Maschine: 1801 entwirft er einen dampfgetriebenen Wagen für den Straßenverkehr, der kurze Zeit später auch auf Schienen fahren kann.

Eine umgekippte Wassertonne geht auf Jungfernfahrt

Am 13. Februar 1804 – so datieren jedenfalls die meisten Geschichtsschreiber die Jungfernfahrt – tritt Trevithick den Beweis an: Mit dem Erfinder am Regler, setzt sich schnaufend und zischend die erste Lokomotive der Welt in Bewegung. Ihr Name: **Pen-y-Darran**. Einen Tag später schreibt Trevithick an einen Bekannten: „Sir, wir beförderten zehn Tonnen Eisen, fünf Wagen und 17 Menschen (...). Es sind etwa neun Meilen (14,5 Kilometer), die wir in vier Stunden und fünf Minuten zurücklegten." Trevithick hat es geschafft. Die Pen-y-Darran sieht zwar aus wie eine umgekippte Wassertonne mit Schornstein und Rädern und schafft unbeladen gerade einmal fünf Meilen (acht Kilometer) pro Stunde. Doch sie funktioniert. Trevithick hat Watts Dampfmaschine so verbessert, dass nun ein höherer Druck im Kessel erzeugt und so der Reibungswiderstand der eisernen Schienen überwunden werden kann.

Die gusseisernen Schienen bleiben aber noch für Jahre die Achillesferse der neuen Eisenbahn. Trevithicks Lok ist zu schwer für die Pferdebahngleise der Bergwerke im Süden und Nordosten Englands. Erst 1813 schafft der später berühmt gewordene Landsmann Trevithicks, **George Stephenson** (1781–1848), mit der „Rocket" den technischen Durchbruch. Am 3. Mai 1830 beginnt auf der Strecke zwischen Canterbury und Whitstable der regelmäßige Personenverkehr.

Karl Freiherr Drais von Sauerbronn radelt auf und davon (1817)

Die Vision des **Freiherrn Drais von Sauerbronn** (1785–1851): Ein Wagen, der ohne Pferde auskommt. Schon der Nationalökonom **Adam Smith** (1723–90) hielt es für unmoralisch, Pferde zu füttern, während um sie herum Menschen verhungern. Drais lässt den Überlegungen Taten folgen. Nach der schlechten Ernte von 1812 baut er zunächst vierrädrige Fahrmaschinen, die mit Muskelkraft angetrieben werden. Doch den meisten Zeitgenossen scheint seine Idee aberwitzig und nutzlos. Erst sein Zweirad macht Furore. 1785 in Karlsruhe geboren, ist

Draisine: Laufrad

Karl Friedrich Freiherr Drais von Sauerbronn zunächst Forstmeister. Sein eigentliches Interesse gilt jedoch der Physik und der Mechanik. 1811 wird er bei Fortzahlung seiner Bezüge vom Dienst freigestellt und erhält den Titel „Professor der Mechanik". So kann er sich ganz seinen Erfindungen widmen. 1814 stellt er der Öffentlichkeit erstmals ein vierrädriges Schienenfahrzeug vor, das der Fahrer über die Auf- und Abwärtsbewegung eines Hebels antreibt. Der russische Zar Alexander findet den Prototyp der **Draisine** genial und animiert Drais, sein Gefährt auf dem Wiener Kongress vorzustellen. Er erntet Beifall, doch wirklich ernst nimmt ihn niemand. Als Alternative zum Droschkengespann erscheint der gehobenen Gesellschaft dieses Gerät doch etwas lächerlich.

Ein Veloziped ohne Pedale

Drais lässt sich vom Gespött der Leute nicht entmutigen und feilt weiter an seiner Erfindung. Dabei stellt er fest, dass Fahrzeuge mit nur zwei Rädern viel leichter zu bewegen sind. Ein lenkbares Vorderrad ermöglicht zudem, Unebenheiten und Hindernissen auf der Fahrbahn auszuweichen – bei den damaligen Straßenverhältnissen ein Schritt zu mehr Komfort.

! Verkehrsregeln

1818 erhält Drais ein badisches Patent auf seine Erfindung, im restlichen Europa werden fleißig Kopien nachgebaut. Besonders in Kreisen, in denen Extravaganz zum Lebensstil gehört, stößt der neuartige Pferdeersatz als amüsantes **Modesportgerät** auf großes Interesse. Doch schon bald schränken Verbote das Radfahren ein. Die Ordnungshüter ahnden das Fahren auf Gehwegen mit Geldstrafen. Erlaubt ist das Fahren auf den Fahrwegen der Fuhrwerke, doch sie sind zerfurcht und für Zweiradfahrer, die dort als Verkehrshindernis gelten, kaum benutzbar.

Nur der Pedalantrieb fehlt bei der „Fußkutsche“: Der Fahrer stößt sich noch direkt vom Boden ab. Sonst ist an dem Gefährt alles dran, was ein modernes Fahrrad ausmacht: Lenkstange, eine „Schleifsperre“ mit Bremsschnur, Gepäckträger, Stützvorrichtung und sogar ein gefederter, verstellbarer Sattel. Die erste Fahrt mit seiner Laufmaschine (auch Draisine, Veloziped und Dandy Horse genannt) von Mannheim zum Schwetzinger Relaishaus unternimmt Drais am 12. Juni 1817.

Der „verrückte“ badische Forstmeister

Seine Laufmaschine findet rasche Verbreitung. Turnvereine schaffen sie sich für die körperliche Ertüchtigung an, und in England werden Laufradrennen und Wettkämpfe zwischen Radfahrern und Reitern zum großen Renner. Trotzdem bringt das **Veloziped** seinem Erfinder nicht den gewünschten finanziellen Erfolg. Der überzeugte Demokrat, der 1849 seinen Adelstitel ablegt, wird nach dem Scheitern der Revolution als psychisch krank abgestempelt und enteignet. Der „verrückte badische Forstmeister“, wie man ihn nennt, stirbt 1851 völlig mittellos. Der erste Schritt zum Fahrrad ist 1864 die Anbringung von Pedalen am Vorderrad. Da man den Hinterradantrieb mit Kette noch nicht kennt, wird das Vorderrad immer größer, um eine höhere Übersetzung und somit Geschwindigkeit zu erreichen: die Hochräder entstehen. In einer britischen **Fahrradfabrik** geht schließlich 1885 das erste Niederrad mit Hinterradkettenantrieb in Serie. Die Niederräder werden durch die industrielle Massenfertigung auch für Arbeiter erschwinglich, die damit zur Arbeit in die Fabrik fahren.

Gideon Algernon Mantell

und die „Riesenechsen“ (1822)

Egal ob als Riesenmonster im Kino, als Skelett im Museum oder als Spielzeug im Kinderzimmer: **Dinosaurier** üben in jeder Form eine ungebrochene Faszination auf die Menschen aus. Ihre Hoch-Zeit begann im Erdmittelalter gegen Ende der Karbonzeit vor etwa 300 Millionen Jahren und endete im Wesentlichen vor etwa 65 Millionen Jahren. Warum die Landwirbeltiere am Übergang von der **Kreide- zur Tertiärzeit** urplötzlich verschwanden, ist bis heute eines der großen Rätsel der Evolutionsgeschichte. Die Riesenechsen unterscheiden sich von den anderen Reptilien durch die Anordnung der Beine, welche direkt unter dem Körper und nicht seitlich vom Körper ansetzen: Voraussetzung dafür, dass ihr enormes Körpergewicht von den Gliedmaßen getragen werden konnte. Die ersten Aufzeichnungen über Dinosaurier stammen übrigens aus China. Doch ihre riesigen Knochen waren den damaligen Wissenschaftlern nicht geheuer; sie glaubten, es könne sich nur um Knochen von Fabelwesen oder Drachen handeln.

Die Entdeckung eines englischen Landarztes

Bis ins 19. Jh. ahnt niemand etwas von der einstigen Existenz der Riesenechsen auf der Erde. Große Knochen, die bei Ausgrabungen zutage treten, werden meist Elefanten oder Nashörnern zugeordnet. Dies ändert sich im Jahr 1822 schlagartig. Zusammen mit seiner Frau entdeckt der geologisch interessierte Landarzt **Gideon Mantell** (1790–1852) an der südenglischen Küste einen großen abgenutzten Zahn, der seine Aufmerksamkeit erregt. Durch den Vergleich mit einem ähnlichen Zahn, der im Museum der Königlichen Hochschule der Chirurgen in London aufbewahrt ist, kommt er darauf, dass einst ein gigantisches Reptil in der Grafschaft Sussex gelebt haben muss. Mantell nennt das Tier **Iguanodon**, eine griechische Wortschöpfung, die „Leguanzahn" bedeutet. Der begeisterte Fossiliensammler versucht eine Rekonstruktion, die jedoch wegen seines mangelhaften Informationsstandes hoch spekulativ bleibt. Er sieht Iguanodon als vierfüßiges, drachenähnliches Tier mit langem Schwanz und echsenartigem Kopf. Auf die Schnauze des Tieres setzt er ein kurzes Horn, das, wie er später feststellt, eine Art »Daumen« des Tieres ist. Diese kegelförmigen spitzen Stacheln an den Händen konnten zur Verteidigung oder zum Graben eingesetzt werden. Erst um 1877 erkennt man die wahre Natur von Iguanodon. In jenem Jahr finden Bergleute in einer Kohlenmine nahe der kleinen Stadt **Bernissart in Belgien** die massiven Knochen von insgesamt 31 Exemplaren.

! Iguanodon

Iguanodon war fünf Meter hoch, neun Meter lang und wog ungefähr 4,5 Tonnen. Er streifte vermutlich in kleinen Trupps durch die **tropische Kreidelandschaft** und weidete vor allem Farne und Schachtelhalme im Uferbereich der Flüsse und Bäche ab. Den größten Teil ihrer Zeit verbrachten die Tiere auf vier Beinen, doch konnten sie auch aufrecht gehen und in dieser Haltung an höher gelegene Pflanzenteile herankommen. Dabei stützten sie sich zur Wahrung des Gleichgewichts auf ihre langen Schwänze.

Die spektakulären Skelette werden montiert und sind heute im **Naturhistorischen Museum in Brüssel** zu besichtigen.

Weitere Funde und der „Knochenkrieg“

Zehn Jahre später gelingt es Mantell mit dem **„Hylaeosaurus“** die erste Gruppe stark gepanzerter Dinosaurier auszumachen. Weitere Fossilien werden entdeckt, die offensichtlich zu Riesenechsen gehören, sodass der Paläontologe **Richard Owen** (1804–92) 1841 den Namen „Dinosaurier“ („schreckliche Echsen“) prägt, um eine Gruppe ausgestorbener Reptilien zu benennen. 1854 gelingt ihm eine vollständige Rekonstruktion des mantellschen „Iguanodons“.

Um das Jahr 1870 beginnt zwischen den verfeindeten **Paläontologen** Edward Drinker Cope (1840–97) und Othniel Charles Marsh (1833–91) in Nordamerika ein Wettlauf um die Entdeckung neuer Dinosaurier. Dieser Knochenkrieg („bone war“) wird sogar unter Einsatz von Waffengewalt ausgetragen. Die Ausgrabungen legen allerdings den Grundstock für viele große Naturkundemuseen in New York, London oder Berlin. Die beiden Männer bringen in ihrem Streit viele Dinosaurier ans Tageslicht: Sie benennen Dinosaurier wie Allosaurus, Ceratosaurus, Diplodocus, Brontosaurus (heute Apatosaurus), Stegosaurus und Camptosaurus. Die zahlreichen neuen Entdeckungen lösen eine wahre **Dinomanie** aus. Immer mehr Fossilienjäger

? Schon gewusst?

Die große Gruppe der Dinosaurier spaltet sich in zwei verschiedene Ordnungen: in die **Echsenbecken-Dinosaurier** (Saurischia) und in die **Vogelbecken-Dinosaurier** (Ornithischia). Zu den Echsenbecken-Dinosauriern gehörten Pflanzenfresser und Fleischfresser. Daher werden sie in zwei Unterordnungen aufgeteilt: Theropoden (Säugetierfüßer) und Sauropodomorpha (Echsenfüßer). Zu den Theropoden gehören Coelurosaurier (Hohlschwanzechsen), Deinonychosaurier (schreckerregende Krallensaurier), Carnosaurier (Fleischsaurier). Zu den Sauropodomorpha zählen die Prosauropoden (vor den Sauropoden lebend) und Sauropoden (Echsenfüßer). Die Vogelbecken-Dinosaurier waren ausschließlich Pflanzenfresser und besaßen in der Regel einen kleinen Hornschnabel am Unterkiefer. Sie werden in vier Untergruppen aufgeteilt, die nicht weiter in Zwischenordnungen gespalten werden: Ornithopoden (Vogelfüßer), Stegosaurier, Ankylosaurier und Ceratopier (Horngesicht).

machen sich auf die Suche nach diesen Geschöpfen.
Im Laufe des 20. Jh. wandelt sich das Bild der Dinosaurier. Stellte man sie zuvor als Riesenechsen dar, die mühsam über den Boden kriechen, erkennt man nun, dass sie durchaus schnelle und agile Jäger und Gejagte waren, die den modernen Säugetieren und Vögeln in nichts nachstehen.

William Austin Burt
und das „Klappern" der ersten Schreibmaschine (1829)

Als der amerikanische Landvermesser und Regierungsbeamte **William Austin Burt** (1729–1858) 1829 den Prototyp der mechanischen Schreibmaschine konstruiert, kann er kaum abschätzen, wie seine Erfindung die Arbeitsprozesse in den kommenden Jahrzehnten revolutionieren wird. Doch Burt ist nicht der erste Tüftler, der die Automatisierung der Texterfassung in Angriff nimmt.

Mills Idee einer Schreibmaschine

Der erste konkrete Nachweis einer Schreibmaschine lässt sich auf den 7. Januar 1714 datieren. An diesem Tage erteilt das britische Patentamt dem englischen Ingenieur Henry Mill das **königliche Patent Nr. 395** über eine Maschine, die wie folgt beschrieben wird: „Eine künstliche Maschine oder Methode, Buchstaben abzudrucken oder abzuschreiben, einzelne oder fortlaufend, einen nach dem anderen wie in der Schrift, sodass jeglicher Text auf dem Papier oder Pergament so klar und deutlich abgeschrieben werden kann, dass man diese Schrift vom Druck nicht unterscheiden kann ..." Hinweise über den Bau und die praktische Verwendung dieser Maschine liegen nicht vor. Es ist zu vermuten, dass die Schreibmaschine für Blinde bestimmt war. Die Maschine bleibt unbeachtet. Von der Konstruktion sind keine Zeichnungen erhalten. Mill bekam sein Patent wohl nur für die **Idee einer Schreibmaschine**.

Der Burt´sche Typograf

Erst mehr als 100 Jahre später nimmt **Karl Friedrich Drais** (1785–1851), Erfinder und Namensgeber der Draisine, die Umsetzung der Schreibmaschinen-Idee erneut in Augenschein. Um 1820 baut er ein Gerät, das mit **16 Typen** (gegossene Druckbuchstaben) das Schnellschreiben ermöglichen soll. Unabhängig von ihm tüftelt in Michigan, USA, **William Burt** an seinem **Typografen**, ein Gerät aus Holz, das eine beachtliche Größe hat. Die Typen befestigt der Regierungsbe-

Christopher Latham Sholes an seiner Schreibmaschine

amte an einem Metallrad, das wiederum auf einem halbkreisförmigen Rahmen sitzt. Damit der gewünschte Buchstabe in der richtigen Position ist, muss Burt mit Hilfe einer Kurbel das Rad bewegen. Anschließend muss ein Hebel bewegt werden, der die Type gegen das Papier drückt und einen Abdruck aus Tinte hinterlässt. Nicht so recht zufrieden mit dem Ergebnis, macht sich Burt an die Entwicklung eines zweiten Schreibgeräts. Er baut einen Apparat, der die unhandliche Größe eines modernen Flipperautomaten annimmt. Doch ihm gelingt es schließlich, darauf fast so schnell zu schreiben wie mit der Hand. Am 23. Juli 1829 wird ihm das Patent erteilt. Doch Käufer findet sein Riesenapparat nicht.

Siegeszug der Schreibmaschine

Es dauert bis Anfang der 1870er-Jahre, dass die Schreibmaschine ihren Siegeszug antritt. Bis dahin erweisen sich alle Schreibmaschinenmodelle wegen ihrer schlechten Bedienbarkeit im täglichen Einsatz als unbrauchbar. Erst die **Sholes & Glidden Schreibmaschine** von 1873 feiert Erfolge. Neben den relativ handlichen Ausmaßen ist es vor allem die von **Christopher Latham Sholes** (1819–90) entworfene Tastatur, die zur Alltagstauglichkeit beiträgt. Die erste in großer Serie hergestellte Schreibmaschine ist 1874 die Nummer Eins der **US-amerikanischen Waffenfabrik Remington**. Sie hat 44 Tasten und kann nur Großbuchstaben schreiben. Über ein Fußpedal erfolgt der Rückzug. Die Remington Nr. 2 kommt 1878 auf den Markt und kann zwischen Groß- und Kleinbuchstaben umgeschaltet werden und das Farbband selbstständig transportieren. Außerdem hat sie bereits die **Qwertz-Tastatur** (englisch: Qwerty-Tastatur).

Schreibmaschine von Remington

! Qwertz-Tastatur

QWERTZ bezeichnet das in Deutschland gängige Computer-Tastaturformat. Der Name stammt von der Anordnung der ersten sechs Zeichen auf der oberen Buchstabenreihe von links beginnend. Diese Anordnung stammt aus der Zeit der mechanischen Schreibmaschine: Die Hämmerchen sollten auf diese Weise bei aufeinander folgendem Anschlag möglichst selten verhaken. Das entsprechende US-amerikanische Format ist **QWERTY** und geht auf den amerikanischen Erfinder Christopher Latham Sholes zurück.

Neue Frauenberufe

Das Tätigkeitsfeld vom **„Fräulein vom Amt“** ist seit den Anfängen des Telephons eine typisch weibliche Beschäftigung. Mit der Arbeit im Kontor eröffnet sich ein den Frauen bis dahin nicht zugängliches Berufsfeld. Verstärkt seit den 1890er-Jahren strömen sie in das zuvor ausschließlich „männliche Büro“, denn die Kontore, aber auch die Handelsgeschäfte verzeichnen einen wachsenden Bedarf an angelernten Arbeitskräften. 1907 liegt der Anteil der Frauen an den Angestellten in der

? Schon gewusst?

1903 kommt von der Blickensdorfer Electric die erste **elektrische Schreibmaschine** auf den Markt. Diese kann sich jedoch nicht durchsetzen, obwohl die Technik der Konkurrenz um Jahrzehnte voraus ist. Vermutlich scheitert sie daran, dass Strom zu dieser Zeit noch Luxus ist. Erst in den 1960er-Jahren erobert mit der **Selectic von IBM** die elektrische Schreibmaschine die Büros.

deutschen Industrie bereits bei über neun Prozent. Eine wichtige Rolle in dieser Entwicklung spielt die Schreibmaschine, die um die Jahrhundertwende die Arbeit im Büro revolutioniert. Die männlichen Handlungsgehilfen setzen sich gegen die weibliche Konkurrenz zur Wehr. Aber Tätigkeiten an Schreibmaschinen, Telegraphen, Kopiermaschinen werden den Frauen kampflos überlassen.

Samuel Finley Morse

übermittelt Nachrichten mit dem Morse-Alphabet (1833)

Die Übermittlung von Nachrichten über große Distanzen regt seit Menschengedenken den Erfindungsgeist an. Frühe Kulturen

Samuel Finley Morse

kommunizieren mit Trommelzeichen oder Rauch- und Feuersignalen; später eilen Kuriere – zu Fuß oder zu Pferd und in neuerer Zeit mit dem Wagen – von Ort zu Ort, um Nachrichten zu übermitteln. Auch Brieftauben werden eingesetzt. Doch in der modernen Zeit sind all diese Methoden zu langsam.

Als Erster entwirft Ende des 18. Jh. der französische Techniker und Geistliche **Claude Chappe** (1763–1805) einen optischen **Telegrafen** als Schnellnachrichtenmittel. Dieser so genannte Flügeltelegraf besteht aus einem Pfahl mit beweglichen Latten, die in 196 verschiedene, jeweils ein Zeichen oder einen Buchstaben symbolisierende Stellungen gebracht werden können. Zwischen Paris und Lille wird eine Reihe solcher Apparate aufgestellt, bei denen jeweils ein Mann mit einem Fernglas steht, um die Stellungen eines übermittelnden **Flügeltelegrafen** zu verfolgen und mit den entsprechenden Positionen seines eigenen Apparates an den nächsten weiterzuleiten. Auf diese Weise

kann innerhalb einer Stunde eine Distanz von 300 Kilometern überbrückt werden.
Durch die neu gewonnenen Einblicke in Elektrizität und Magnetismus zu Beginn des 19. Jh. werden jedoch bald neue Lösungsansätze möglich. Man beginnt darüber nachzudenken, ob Informationen in elektrische Signale umgewandelt, als solche weitergeleitet und beim Empfänger wieder in Informationen zurückverwandelt werden können. Den ersten elektromagnetischen Schreibtelegrafen konstruiert 1833 der deutsche Physiker **Wilhelm Eduard Weber** (1804–91) zusammen mit dem Mathematiker **Carl Friedrich Gauß** (1777–1855). Er macht den in elektrische Impulse verschlüsselten Text als Punktschrift auf Papier sichtbar.

Carl Friedrich Gauß

Das Morse-Alphabet oder kurze und lange Signale

Den wirklichen Durchbruch ins Zeitalter der modernen Kommunikation schafft 1833 ein Professor für Zeichenkunst in New York: **Samuel Morse** (1791–1872). Er entwickelt ein System, bei dem lange und kurze Stromstöße auf einem Papierstreifen sichtbar oder als akustisches Signal hörbar gemacht werden. Der Sender seines Schreibtelegrafen besteht aus einem Schalter, mit dem man den Stromfluss einer Leitung für eine festgelegte Dauer unterbrechen kann. Der Empfänger besteht aus einem elektromagnetisch gesteuerten Stift, der bei den frühen Modellen Buchstaben als Zickzackzeichen auf ein Papierband schreibt. 1836 folgt ein Zeichensystem aus Strichen und Punkten (bzw. lange und kurze Signale), das so genannte Morse-Alphabet, mit dem die Nachrichten noch schneller übertragen werden können.

? Schon gewusst?

Die Kommunikationstechnologie befindet sich Anfang des 19. Jh. gerade in den Startlöchern. Eine unabdingbare Voraussetzung für ihre Entwicklung ist das Relais, das der Physiker **Joseph Henry** (1797–1878) im Jahr 1835 entwickelt. Das Prinzip des Relais findet sich auch im Morseapparat wieder. Relais sind elektromagnetisch betätigte Schalter zum Ein-, Aus- oder Umschalten von Stromkreisen.

1843 bewilligt der US-amerikanische Kongress 30.000 Dollar für den Bau einer 60 Kilometer langen Telegrafenleitung von Washington D. C. nach Baltimore. Ein Jahr später kann die erste Nachricht übermittelt werden. Ende der 1850er-Jahre wird die erste Kabelverbindung zwischen Nordamerika und Europa geschaffen. Zum Teil ist das Morse-Alphabet im Seefunk und bei Amateurfunkern noch heute in Gebrauch, das System wird jedoch mehr und mehr durch Satelliten-Telefone ersetzt.

Charles Darwin
und der Ursprung des Lebens (1844)

Charles Darwin

Das 1859 veröffentlichte Hauptwerk *Über die Entstehung der Arten* des englischen Naturforschers **Charles Darwin** (1809–82) bedeutet nicht nur für die Biologie, sondern vielmehr für das gesamtwissenschaftliche Weltbild einen tief greifenden Einschnitt. Durch

Karikatur von Charles Darwin

die Theorie vom gemeinsamen Ursprung der Organismen und das Konzept der schrittweisen Evolution hat der Mensch ein für allemal seine biologische Sonderstellung verloren.

Die Evolutionstheorie ist eine der größten Entdeckungen der Naturwissenschaft des 19. Jh. Ganz im Sinne der Aufklärung räumt sie mit Schöpfungsmythen aller Art auf. Bereits in seiner Jugend widmet sich Darwin neben dem Medizin- und Theologiestudium auch der Biologie und der Geologie. Seine soziale Stellung und seine Naturkenntnisse ermöglichen es ihm 1831, auf dem Vermessungsschiff „Beagle“ als Begleiter des Kapitäns an einer Weltumseglung teilzunehmen. Nach seiner Rückkehr im Oktober 1836 etabliert sich Darwin schnell in den Londoner Wissenschaftskreisen. Sein auf der Reise gesammeltes einzigartiges Material verschafft ihm einen hervorragenden Ruf.

Der Kampf ums Dasein

Die Auswertung der Sammlung verstärkt in ihm die schon während der Reise aufgetretenen Zweifel an der Stabilität der Arten. 1844 formuliert er den Grundriss seiner Theorie der natürlichen Auslese: Alle Lebewesen stammen von wenigen Urwesen (Urzellen) ab. Durch Veränderbarkeit der Lebewesen (Mutationen kleinerer und größerer Art), Vererbung und Überproduktion von Nachkommen gibt es einen ständigen „Kampf ums Dasein", den die am besten den Umständen angepassten Lebewesen überleben (Survival of the fittest). Diese vererben ihre Eigenschaften auf ihre Nachkommen. Die weniger gut angepassten Lebewesen sterben demnach aus. Diese Auslese lässt im Verlaufe sehr großer Zeiträume die verschiedenen Gattungen und Arten entstehen. Gleichzeitig setzen sich immer höher entwickelte Lebewesen durch. Auch der Mensch ist ein Produkt dieser natürlichen Evolution, hat also gemeinsame Wurzeln mit den heute lebenden Tieren.

Zwei Jahrzehnte dauern Darwins Versuche, die Theorie mit dem etablierten Wissen der Biologie in Einklang zu bringen. 1859 stellt er sein Werk der Öffentlichkeit vor.

! Mendel'sche Gesetze

Der deutsche Augustinerprior und Lehrer **Gregor Mendel** (1822–84) beschreibt 1865 bei Kreuzungsversuchen an Erbsen und Bohnen die nach ihm benannten **Mendel'schen Gesetze** – drei Grundregeln über die Weitergabe von Erbanlagen. Seine Forschungen geraten bis zur Jahrhundertwende zunächst in Vergessenheit. Erst ca. 35 Jahre später erkennt man, welchen weit reichenden Beitrag er für die Genetik geleistet hat, und baut auf seinen Erkenntnissen auf.

Gregor Mendel

Ferdinand Carré
und eisgekühlte Limonade (1859)

Eisgekühlte Cola, erfrischendes Obst, leckerer Käse – nichts Besonderes in unserem Alltag. Das war nicht immer so. Was für uns

selbstverständlich ist – Kälte auf Abruf – stellt noch zu Beginn des 19. Jahrhunderts ein großes Problem dar.
Der Wunsch, Lebensmittel längere Zeit durch Kühlung haltbar zu machen, ist uralt. Über die Jahrtausende hinweg behelfen sich die Menschen mit natürlichen Kühloasen wie Höhlen, später mit Gewölben und Kellern. Neben der Nutzung und Konservierung natürlicher Vorkommen versuchen die Menschen sehr früh, Eis selbst herzustellen. Im späten Mittelalter nutzt man zunehmend Effekte, die beispielsweise Salpeter im Zusammentreffen mit Wasser erzeugt: Die Reaktion der beiden Stoffe senkt die Temperatur um 15 °C ab. Daneben wird weithin natürlich vorkommendes Eis „geerntet“, in tiefen Kühlgruben gelagert und über die Sommermonate hinweg verbraucht. Mit Halbgefrorenem und geeisten Früchten verwöhnen anfangs nur Gourmets der gehobenen Gesellschaftsschichten ihre Gaumen. Denn Eis ist teuer und exklusiv. Geht der Vorrat im Eiskeller oder in der Eisgrube zu Ende, so lassen die französischen Könige Nachschub beispielsweise aus den norwegischen Fjorden holen.

? Schon gewusst?

Carl von Linde (1842–1934) erfindet 1876 die Kompressions-Kältemaschine. In den wie Pilze aus dem Boden schießenden Kühlhäusern, die mit Lindes Maschinen betrieben werden, halten die Lebensmittel länger. Um den Bedarf zu decken, werden schließlich sogar die ersten Kühlschiffe gebaut, die Frischfleisch aus aller Welt nach Europa bringen. Bereits ein Jahr nach der Erfindung der Kältemaschine wird tiefgefrorenes Rindfleisch bei – 30 °C von Argentinien nach Frankreich transportiert.

Der lange Weg zum ersten Kühlschrank

Im 18. Jh. suchen Wissenschaftler nach Verfahren, die Lebensmittel längerfristig haltbar zu machen. 1748 demonstriert der Arzt **William Cullen** (1710–90), dass sich verdunstete Flüssigkeiten – in diesem Fall Äther – in einem Teilvakuum abkühlen lassen. Der Physiker **Michael Faraday** (1791–1867) stößt auf die kühlende Wirkung, als er 1823 bei einem seiner Versuche ein Reagenzglas mit Chlor erhitzt. 40 Jahre später tüftelten **Ferdinand Carré** (1824–1900) und sein Bruder daran, einen Behälter zu kühlen. Sie haben eine genaue Vorstellung davon, wie dieser aussehen soll: Die Innentemperatur des Wärme isolierten Behälters muss niedriger sein als die äußere Umgebungstemperatur, damit ein Kreislauf-

system entsteht. Im Inneren nimmt Kühlmittel die überschüssige Wärme auf und führt sie nach außen, wo sie abkühlt und wieder dem inneren Kreislauf zugeführt wird. Carré sucht nach einer Substanz, die sehr viel Wärme aufnehmen kann, und verwendet schließlich Ammoniak. 1859 konstruiert er nach diesem Prinzip den ersten **Kühlschrank**.
Die auf der Weltausstellung 1862 präsentierte Erfindung fasziniert vor allem die Amerikaner. So behelfen sich die Südstaatler während des amerikanischen Bürgerkriegs mit dem Eisbehälter Carrés, um ihre Speisen kühl zu halten. Die feindliche Nordallianz hatte ihnen die Eislieferungen gekappt.
Den Durchbruch erlebt der Kühlschrank zu Beginn des 20. Jh. in den USA, wo er bald zur Standardausstattung eines Haushalts gehört. Die Europäer dagegen müssen darauf noch bis in die 1950er-Jahre warten.

Johann Philipp Reis
und sein Gerät zur Schallfernübertragung (1860)

Das Telefon, in unserer heutigen Gesellschaft ein unentbehrliches Mittel der Kommunikation, kann auf eine lange Geschichte zurückblicken. Die Entwicklung beginnt

Johann Philipp Reis

bereits um 1860, als vor allem von Seiten des Militärs der Wunsch nach schnelleren Kommunikationsmitteln aufkommt. Die Erfindung des hessischen Bäckersohns **Johann Philipp Reis** (1834–74) wird anfangs jedoch nur als technische Spielerei belächelt.
Wieder einmal spielt der Zufall eine große Rolle. Reis, Lehrer für Mathematik und Physik in Friedrichsdorf, baut 1860 das erste –

Früher Fernsprechapparat

wenn auch noch sehr primitive – **Telefon** der Welt. Grundlage ist das Holzmodell einer Ohrmuschel, das er für den Physikunterricht entwickelt hat, um damit „Töne aller Art durch den galvanischen Strom in beliebiger Entfernung zu reproduzieren“. Erst die kurz zuvor erlangten Erkenntnisse der Physik und Elektrotechnik auf dem Gebiet des galvanischen Stroms ermöglichen die konstruktive Umsetzung dieses Gedankens. Reis simuliert das Trommelfell seines Ohrmodells, indem er daran ein Stück Wursthaut befestigt, deren Schwingungen von einem feinen Platinstreifen und einer Feder abgetastet werden. Treffen Schallwellen auf das „Trommelfell“, versetzen sie dieses in Schwingungen, die wiederum in gleicher Regelmäßigkeit den Stromkreis unterbrechen. Im Laufe seiner Versuche stellt er fest, dass er als Sender statt des komplexen Ohrmodells einen mit einer Membran bespannten Schalltrichter verwenden kann. Als Empfänger dient ihm eine Kupferdrahtspule, die um eine Stecknadel gewickelt ist. Durch diese fließt der vom Sender ausgesandte, teils unterbrochene Strom. Die Nadel „übersetzt“ die Impulse durch ihre Bewegung wieder in Schallwellen; zur Verstärkung der Töne setzt Reis ein Holzkästchen als Resonanzboden ein.

„Das Pferd frisst keinen Gurkensalat“

Am 26. Oktober 1861 stellt Reis den Mitgliedern des „Physikalischen Vereins zu Frankfurt am Main“ seine Erfindung vor. Der ins Telefon gesprochene Satz lautet: „Das Pferd frisst keinen Gurkensalat“ und ist am anderen Ende der Leitung kaum verständlich. Der vorgeführte Apparat ist zwar in der Lage, Töne in elektrischen Strom zu wandeln und an einem anderen Ort als Schall wiederzugeben. Noch nicht recht geeignet ist er jedoch, um die menschliche Sprache in verständlicher Form zu übertragen.

Alexander Graham Bell: Veröffentlichung im Scientific American zum Telefon

Die Realisierung der Idee gelingt 16 Jahre später **Alexander Graham Bell** (1847–1922). Bell ist nicht der eigentliche Erfinder des Telefons, er erkennt jedoch als Erster dessen wirtschaftliche Bedeutung als Kommunikationsmittel. 1876 meldet er in den USA ein „Gerät zur Übertragung von Lauten durch die Erzeugung elektrischer Wellen" an. Im Gegensatz zum Modell von Reis unterbricht Bells Gerät den Stromfluss nicht, sondern moduliert die Frequenz der Schwingungen. Neben dem Vorteil der besseren Hörbarkeit der Sprache hat das Gerät aber auch einen entscheidenden Nachteil: Seine Reichweite beträgt lediglich 75 Meter. Trotzdem ist die weltweite Verbreitung des Telefons jetzt nicht mehr aufzuhalten.

? Schon gewusst?

In Deutschland findet nach Reis lange keine weitere Entwicklung des Telefons statt. Erst 1877, als die Bell Telephone Association mit dem Vertrieb des Bell-Telefons beginnt, interessiert man sich vereinzelt wieder für die Übertragung von Tönen. Der Berliner Generalpostmeister **Heinrich von Stephan** (1831–97) führt von Oktober 1877 bis April 1878 Versuche mit zwei Bell-Telefonen durch und baut eine zwei Kilometer lange Telefonverbindung auf.

Ferdinand Julius Cohn
und die bakteriellen Krankheitskeime (1872)

Bereits im 17. Jh. werfen Forscher vereinzelt Blicke auf Bakterien, doch sie erkennen die winzigen Mikroorganismen noch nicht als Verursacher von Krankheiten. Das gelingt dem Chemiker und Physiker **Louis Pasteur**, der den Kampf gegen Krankheit und Tod zu seiner Lebensaufgabe macht.

Bakterien (griechisch bakterion = Stäbchen) sind mikroskopisch kleine einzellige Organismen, die sich in der Regel durch Zellteilung vermehren. Schon 35 v. Chr. vermutet der vom römischen Feldherrn und Staatsmann **Cäsar** (100–44 v. Chr.) zum Reichsbibliothekar ernannte **Terentius Varro** (116–27 v. Chr.), dass solche krankheitserregenden Lebewesen existieren und das Sumpffieber auslösen. Doch erst Pasteur bestätigt in seiner „Keimtheorie" diese Vermutung. Er beschreibt Bakterien als Krankheitskeime,

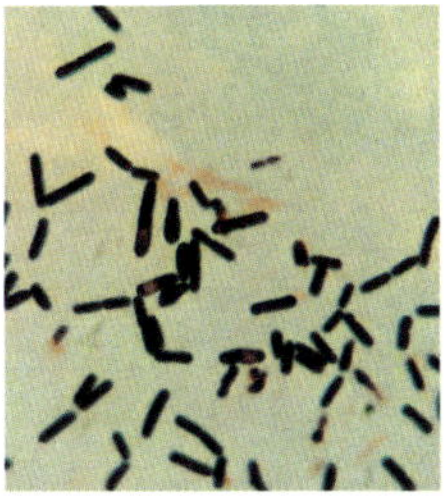

Stäbchenbakterien

die den menschlichen Organismus veranlassen, Abwehrkörper zu bilden, und legt damit die entscheidenden Grundlagen für die **Bakteriologie**. Ärzte beginnen, ihre Geräte zu sterilisieren und damit die bis dahin mangelhaften hygienischen Zustände in Krankenhäusern entscheidend zu verbessern. Die Asepsis – Keimfreiheit – wird zum Standard.

Den Mikroorganismen auf der Spur

Der deutsche Biologe **Ferdinand Julius Cohn** (1828–98) nimmt in seiner wissenschaftlichen Abhandlung *Über Bakterien, die kleinsten lebenden Wesen* eine Klassifizierung der Mikroorganismen vor. Zum ersten Mal wird auch die Herstellung von bakteriologischen Reinkulturen dargestellt, die Cohn zusammen mit seinen Schülern gelingt. Cohn gilt danach als absolute Autorität auf dem Gebiet der Bakteriologie, ein

Robert Koch

Umstand, den der Landarzt **Robert Koch** (1843–1910) aus Posen zum Anlass nimmt, ihm 1876 zu schreiben: „Hochverehrter Herr Professor! Durch Ihre in den Beiträgen zur Biologie der Pflanzen veröffentlichten Arbeiten angeregt, habe ich ... mich längere Zeit mit der Untersuchung des Milzbranderregers beschäftigt. Nach vielen vergeblichen Versuchen ist es mir endlich gelungen, den Entwicklungsgang des Bacillus anthracis vollständig aufzufinden ... Bevor ich jedoch damit an die Öffentlichkeit trete, würde ich Sie, hochgeehrter Herr Professor, als den besten Kenner der Bakterien, ganz ergebenst bitten, Ihr Urteil über den Befund abgeben zu wollen ...“ Cohn ist von dem Mediziner begeistert und fördert ihn nach Kräften.

Übeltäter entdeckt: die Verursacher von Tuberkulose und Cholera

Koch lernt, Bakterien auf einem festen Nährboden, etwa auf Gelatine anstatt in Flüssigkeiten, zu züchten und entwickelt neue Methoden des Färbens und Fixierens. Diese technischen Verbesserungen führen ihn 1879 schließlich zum Nachweis der Erreger von Wundinfektionen. 1882 entdeckt Koch den Tuberkelbazillus, und 1883 stößt er auf einer Reise nach Ägypten und Indien auf den Cholerabazillus. Koch, der eigentlich

Virologie

Die Entdeckung der Bakterien ist ein Meilenstein in der Medizingeschichte. Doch einige Mikroorganismen, etwa die Verursacher von Tollwut, sind Ende des 19. Jh. noch unbekannt. 1898 entdeckt sie der Holländer **Martinus Willem Beijerinck** (1851–1905) praktisch zeitgleich mit dem russischen Botaniker **Dimitri Iosifovich Ivanowsky** (1864–1929). Beijerinck gibt den winzigen Erregern den Namen „filtrierbares Virus" und begründet damit die Virologie. Rasch nacheinander entdecken Forscher den Erreger der Maul- und Klauenseuche bei Tieren und kennzeichnen Gelbfieber, Kinderlähmung, Masern, Mumps, Windpocken und Grippe als virale Infektionen.

Entdecker und Weltreisender wie **Alexander von Humboldt** (1769–1859) werden wollte, wird damit zum Hauptbegründer

Alexander von Humboldt

der medizinischen Bakteriologie. Wie kaum ein anderer deutscher Arzt prägt er die moderne Medizin. Erstmals können wirksame Vorbeugungs- und Behandlungswege entwickelt und beschritten werden. Doch ohne seinen Förderer Julius Cohn hätte Koch diese Erfolgsstory vielleicht niemals geschrieben.

Nikolaus August Otto
zündet einen Motor (1876)

Die Dampfmaschine, teuer in der Anschaffung und aufwändig in Bedienung sowie Wartung, begünstigt die Großindustrie. Mit ihrer zunehmenden Verbreitung wird der Ruf nach einer auch für Kleinbetriebe geeigneten und vor allem erschwinglichen Kraftmaschine immer lauter. Um 1850 verstärken sich die Anstrengungen, eine Maschine zu bauen, die Leuchtgas in einem Zylinder verbrennt.
Alle Versuche, bis auf die von **Jean Etienne Lenoir** (1822–1900), bleiben jedoch zunächst erfolglos. Der in Paris als Kellner arbeitende Lenoir ist mit Leib und Seele Tüftler. 1860 baut er einen Gasmotor, der einer liegenden Dampfmaschine ähnelt. Hierbei handelte es sich um eine recht kompakte Arbeitsmaschine, die von kleineren Gewerbetreibenden

genutzt wird, denen eine Dampfmaschine zu unflexibel und zu groß ist. Zum Betrieb nutzt sie ein Leuchtgas-Luft-Gemisch. Die Leistung der Maschine beträgt anfangs 0,4 kW, später bis zu 2,2 kW. Lenoirs Motor, der 1860 patentiert wird, kommt in mehreren Exemplaren in der Praxis zum Einsatz. Er ist wegweisend für **Nikolaus August Ottos** (1832–91) spätere bahnbrechende Erfindung, den 4-Takt-Motor. Bevor Maschinenbauer und Unternehmer Otto jedoch seinen Viertakter verwirklichen kann, baut er den so genannten atmosphärischen Flugkolbenmotor, der noch ohne Vorverdichtung des Gas-Luftgemisches arbeitet. Der Motor wird 1867 auf der **Pariser Weltausstellung** vorgestellt und trotz seines geräuschvollen Laufes mit der Goldmedaille ausgezeichnet. Die starke Nachfrage nach dem Flugkolbenmotor hat im Jahre 1872 die Gründung der Gasmotoren-Fabrik Deutz AG zur Folge. Doch

! Erstes Automobil

Der Ingenieur **Gottfried Daimler** (1834–1900) ist von der Erfindung Ottos so angetan, dass er dessen Motor weiterentwickelt und die Serienproduktion startet. 1883 lässt er einen leichten Einzylindermotor patentieren, den er erst in ein Zweirad, dann in ein Boot und schließlich in einen Kutschwagen einbauen lässt. Er erfindet damit das Automobil – zeitgleich mit Carl Benz (1844–1929).

Wagen von Gottlieb Daimler

bald kommt es zu Absatzschwierigkeiten, da Handwerk, Gewerbe und Kleinindustrie inzwischen Maschinen mit höherer Leistung fordern.

Ottos Superidee: der Viertakter

Otto denkt über Verbesserungen nach. Und seine Experimente sind erfolgreich: 1876 läuft sein „Neuer Motor", so die damalige Bezeichnung. Mit seinem „Neuen Motor" legt Otto den Grundstein für die Motorentechnik und beendet die Zeit der so genannten „Vorläufer". Seine bahnbrechende Erfindung ist die Verdichtung des Brennstoff-Luft-Gemisches, die bis heute grundsätzlich angewendet wird. Bei den meisten Motoren läuft dieser Prozess in vier Takten ab. Sie entsprechen vier Hubbewegungen des Kolbens und werden kurz mit Ansaugen, Verdichten, Zünden und Ausstoßen gekennzeichnet. Ottos Viertaktmotor wird innerhalb kürzester Zeit zur Serienreife weiterentwickelt und kommt noch 1876 mit einer Leistung von etwa 2 kW (3 PS) auf den Markt. Bereits im darauf folgenden Jahr kann die Leistung auf etwa 3,5 kW (5 PS) gesteigert werden.

Endlich steht Gewerbe und Kleinindustrie die so lang ersehnte, wirtschaftlich arbeitende und auch erschwingliche Antriebsmaschine zur Verfügung.

Thomas Alva Edison
und der Phonograph (1877)

Thomas Alva Edison

Edison, ein Multitalent: Er interessiert sich für nahezu alles und ist mit seinen rund 1300 Patenten wohl der erfolgreichste Erfinder aller Zeiten. Zu seinen populärsten Schöpfungen zählt der Phonograph, ein Vorgänger des Plattenspielers. Wie mit Zauberhand können Töne aufgezeichnet und auch wiedergegeben werden – eine wahre Attraktion, die rasch reißenden Absatz findet.

Vom Tellerwäscher zum Millionär

Der US-Amerikaner **Thomas Alva Edison** (1847–1931) soll als Kind nur wenige Monate in der Schule verbracht haben. Mit zwölf Jahren arbeitet er als Zeitungs- und Süßigkeitenverkäufer bei der Eisenbahn. In einem Güterwagen druckt er ab 1862 die von ihm herausgegebene Wochenschrift *Grand Trunk Herald*. Er lernt zu telegrafieren und wird

danach jahrelang als Telegrafist beschäftigt. Nebenbei widmet er sich seiner eigentlichen Passion: Dinge zu erfinden und bereits vorhandene zu perfektionieren. Seine Lebenseinstellung: „Ich bin ein Schwamm, denn ich sauge Ideen auf und mache sie nutzbar. Die meisten meiner Ideen gehören ursprünglich anderen Leuten, die sich nicht die Mühe gemacht haben, sie weiterzuentwickeln."
1877 weiß man bereits, wie Schallwellen gesendet und empfangen werden. Auch ein Gerät, das Töne aufzeichnet, ist bekannt. Was liegt da also näher, als beides miteinander zu kombinieren? Edison macht sich ans Werk, und schon bald meldet er das erste

! Erfindergeist

Auf das Konto von Thomas Alva Edison geht eine bunte Reihe bedeutender Erfindungen. 1879 stellt er der Öffentlichkeit die Kohlefaden-Glühlampe vor, die mehr als 40 Stunden Licht bringt. 1891 präsentiert er den Vorläufer der Filmkamera, 1912 macht die Kombination von Filmkamera und Phonograph den frühen Tonfilm möglich. Edison verbessert die Schreibmaschine, entwickelt ein Diktiergerät und versucht sich am Telefon. 1910 stellt er sogar das Betongießverfahren vor.

funktionsfähige Gerät zur Konservierung und Wiedergabe der menschlichen Sprache zum Patent an – ein mechanisches Gerät, das ganz ohne Elektrizität auskommt. Er nennt es **Phonograph**. Der Anfang des Kinderliedes *Mary has a little lamb* ist das erste aufgezeichnete Tonstück. Wie ein Lauffeuer verbreitet sich die Sensation von der neuen „Sprechmaschine" in Amerika und Europa.

Wunderwerk Sprechmaschine

Wie funktioniert nun der Vorläufer des Plattenspielers? Ein Trichter lenkt den Schall gegen eine Aufnahmemembran, an der ein Stift befestigt ist. Seine Spitze drückt auf eine mit Stanniol umwickelte Kupferwalze, die von einer Kurbel angetrieben wird. Versetzen Schallwellen die Membran in Schwingungen, hinterlässt der Stift – je nach Schwingung – unterschiedlich tiefe Spuren. Lässt man die Walze ablaufen, bewegt sich der Stift in der aufgezeichneten Rille und versetzt die Membran in dieselben Schwingungen wie bei der Aufnahme. Durch den Schalltrichter werden die Töne hörbar.
Edison ist mit seinem Phonographen noch nicht völlig zufrieden und bastelt weiter an seiner Lieblingserfindung. 1878 – mittlerweile hat die Sprechmaschine zwei

Membranen und zwei Nadeln, jeweils zum Aufnehmen und Abspielen – gründet er zur Vermarktung die „Edison Speaking Phonography Company". Ende des 19. Jh. erwirtschaftet die Gesellschaft bereits einen Jahresumsatz von 250.000 Dollar.

Louis Pasteur entwickelt schützende Impfstoffe (1879)

Ansteckende Krankheiten wie Typhus, Diphtherie, Cholera, Tollwut oder Tuberkulose fordern Mitte des 19. Jh. trotz größter Bemühungen von Seiten der Medizin immer noch viele Todesopfer. Ärzte sind bei der Behandlung meist machtlos. Erst die **Entdeckung der Bakterien** als eine Form von Krankheitserregern schafft die Voraussetzung für die Entwicklung von schützenden Impfstoffen.

Die körpereigene Abwehr trainieren

Die Idee, das **Immunsystem** durch Verabreichung des krank machenden Erregers für Abwehraufgaben zu trainieren, liegt knapp zwei Jahrhunderte zurück. 1796 setzt der britische Arzt **Edward Jenner** (1749–1823) Material aus einer von Kuhpocken hervorgerufenen Pustel zur Impfung gegen Pocken ein. Seitdem ist die Seuche nahezu ausgerottet. Allerdings sind Jenner die eigentlichen Ursachen der Krankheit – ihre Er-

! Pasteurisierung

Louis Pasteur entwickelt ein Verfahren, das Lebensmittel durch gezielte kurzzeitige Erwärmung haltbar und frei von Krankheitskeimen macht. Die Technik ist einfach, ohne Nebenwirkungen, billig und dabei außerordentlich wirkungsvoll. Schon zu seinen Lebzeiten bekam sie den Namen **„Pasteurisierung"**. Kaum eine andere technische Methode aus dem 19. Jh. hat sich so bewährt und wird unverändert noch heute eingesetzt.
Milch wird bei der Pasteurisierung für 15 bis 30 Sekunden auf 72–75 °C erwärmt und sofort wieder abgekühlt. Danach enthält sie nur noch sehr wenige Keime und hat dennoch kaum an Nährwert eingebüßt. Daher ist pasteurisierte Milch haltbarer und eindeutig gesünder als Rohmilch „direkt von der Kuh". Weil Pasteurs Wärmebehandlung seit Jahrzehnten eingesetzt wird, ist in Vergessenheit geraten, wie viele Menschen früher durch Milchgenuss krank wurden. Rohe Milch kann zahlreiche Infektionserreger enthalten und war häufig Ursache für Tuberkulose- und Typhuserkrankungen.

Louis Pasteur in seinem Labor

reger – unbekannt geblieben. Dies ändert sich erst 1850 mit der **Entdeckung des Milzbrandbazillus** im Blut von Tieren. In den 1870er- und 1880er-Jahren geht die Entwicklung rasch voran: Die Erreger von Lepra, Malaria, Tuberkulose, Cholera, Diphtherie, Tetanus, Syphilis werden in rascher Abfolge entdeckt.

Im Dienst der Gesundheit

Ein bedeutender Pionier auf dem Gebiet der Bakteriologie ist der Chemiker und Physiker **Louis Pasteur** (1822–95), der den Kampf gegen Krankheit und Tod zu seiner Lebensaufgabe macht. Sein Interesse an **Mikroorganismen** stammt aus seiner Beschäftigung mit der Gärung. Der Wissenschaftler zeigt zum ersten Mal, dass Mikroorganismen bei Prozessen wie Fäulnis und Gärung beteiligt sind. Aus seiner Beobachtung ergibt sich die Idee, Lebensmittel zu erhitzen, um die nicht hitzebeständigen Bakterien abzutöten. Mit dieser Methode wird die Haltbarkeit von Lebensmitteln erhöht. Erst 1877 dehnt Pasteur seine Untersuchungen auf die Krankheiten des Menschen aus. Er zielt dabei direkt auf die Bekämpfung der verursachenden Erreger. In der Überzeugung, dass viele Erkrankungen durch Bakterien hervorgerufen werden, entdeckt er die **Immunisierung mit abgeschwächten Krankheitskeimen** neu und entwickelt Schutzimpfungen gegen Hühnercholera, Milzbrand und vor allem gegen die Tollwut. 1881 führt er zu diesem Zweck ein Experiment mit Schafen durch. Einige Schafe aus der Versuchsherde werden mit abgeschwächten Milzbrandbakterien geimpft, während der Rest unbehandelt bleibt. Nach einiger Zeit werden alle Schafe dem tödlichen Milzbranderreger ausgesetzt. Die geimpften Schafe überleben die Krankheit schadlos, während die anderen daran zugrunde gehen. Ähnliche Methoden entwickelt Pasteur zur Bekämpfung der Hühnercholera und gegen die Tollwut. Das Prinzip der Impfung wird in den 1890er-Jahren auch auf Diphtherie, Unterleibstyphus und Cholera ausgedehnt.

Einführung der Keimfreiheit

Die grundlegenden Entdeckungen Pasteurs führen 1872 zur Begründung der Bakteriologie durch den deutschen Botaniker **Ferdinand Julius Cohn** (1828–98) und damit zu weiteren Erfolgen auf dem Gebiet der Schutzimpfung. Pasteurs Keimtheorie, wonach krankheitserregende Mikroorganismen

? Schon gewusst?

Das erste statistisch geprüfte Verfahren über **Asepsis** (Fernhaltung von Keimen von Patienten) verdanken wir **Ignaz Phillip von Semmelweiß** (1818–65). Er erkennt, dass tödliches Kindbettfieber durch gründliche Reinigung der Hände des Geburtshelfers mit Seifenwasser und Chlorkalklösung erfolgreich zu bekämpfen ist. Durch diese Maßnahmen und wenig später durch gleiche Behandlung der Instrumente und des Verbandsmaterials bringt der **„Retter der Mütter“** um 1851 die Sterblichkeitsquote in der Wöchnerinnenstation in seiner Wiener Abteilung auf einen Tiefstand von 1,2 Prozent. Weitere Schritte zur Asepsis macht 1867 der Chirurg **Joseph Lister** (1827–1912), indem er die Luft, die mit der Operationswunde in Kontakt kommt, während der Operation mit Karbolsäure benebelt, um Bakterien abzutöten. Die Methode verbreitet sich weltweit. Die wesentlichen Fortschritte im Sterilisierungsverfahren per Dampf gelingt dem Landarzt **Robert Koch** (1843–1910) Anfang unseres Jahrhunderts während seiner Forschung über Mikroorganismen.

vom kranken auf den gesunden Menschen übergehen und der Arzt häufig zum Überträger wird, hat ebenfalls weit reichende Konsequenzen. Sorgen die hygienischen Zustände in den Krankenhäusern bis Mitte des 19. Jh. noch für eine hohe Sterblichkeitsrate, so ändert sich dies in den 1870er-Jahren mit Einführung der **Keimfreiheit** nachhaltig zum Wohle der Patienten. Schon zu Lebzeiten ist Pasteur ein Nationalheld und Träger zahlreicher in- und ausländischer Ehrungen. Der französische Staat dankt ihm nicht nur mit einer Leibrente, sondern errichtet ihm zu Ehren mit dem „Institut Pasteur" ein eigenes Forschungszentrum, dessen Direktor Pasteur bis zu seinem Tode war.

Emil Berliner
präsentiert Musik für die Welt (1887)

Erst im späten 19. Jh. ist es mit dem Phonographen des Erfinders Edison möglich, die menschliche Stimme dauerhaft zu konservieren. Die Erfindung wird enthusiastisch aufgenommen und gern auf Jahrmärkten und Rummelplätzen bestaunt. Andere Forscher entwickeln die Grundidee des Phonographen weiter. 1887 meldet der in die USA ausgewanderte jüdische Buchhalter **Emil Berliner** (1851–1929) schließlich sein Grammophon zum Patent an. Das Grammophon basiert auf dem Prinzip des Phonographen. Im Gegensatz zu Edisons Apparat bewegt sich die Grammophonnadel jedoch nicht vertikal, sondern horizontal. Für diese Entscheidung sind patentrechtliche Gründe ausschlaggebend. In der waagerechten Spur schwingt sie mehr oder weniger nach links oder rechts („Berliner- oder Seitenschrift"). Da eine Vervielfältigung der Walzen unmöglich ist, entwickelt der begeisterte Hobbytechniker Berliner eine Scheibe, die aus mit Wachs überzogenem Zink besteht. Die Scheibe hat einen Durchmesser von zwölf Zentimetern und läuft mit 150 Umdrehungen in der Minute. Von diesen Rohlingen können Pressfolien in großer Zahl hergestellt werden – die ersten Schallplatten.

Von der Zinkscheibe zur Schellackplatte

Das Verfahren zu Aufnahme und anschließender Wiedergabe funktioniert recht einfach: Erst wird

? Schon gewusst?

1904 erfindet eine Firma aus Berlin die zweiseitig spielbare Platte, und auch das Format ändert sich. Es werden nun Schallplatten mit 25 und mit 30 Zentimetern Durchmesser produziert, die eine Spieldauer von bis zu 5 1/2 Minuten besitzen. Die ersten Aufnahmestudios entstehen.

die Zinkscheibe in eine stark nach Benzin riechende Flüssigkeit getaucht, dann eine dünne Wachsschicht aufgetragen. Bei der Aufnahme wird das Wachs bis auf das Metall durchschnitten. Anschließend wird die Platte in ein Chrom-Säure-Bad getaucht, damit die Schalllinien in das Zink geätzt werden. Die Platte ist durch dieses Verfahren dauerhaft konserviert.

Im Mai 1888 erfolgt die erste öffentliche Vorstellung in Philadelphia, und im Jahr darauf bietet die Firma Kämmer und Reinhard aus Waltershausen/Thüringen (eigentlich eine Puppenfabrik) einen „Original-Berliner-Phonographen" an. Zu jedem Gerät gehören sechs Schallplatten: Auf der einen Seite befindet sich die aufgezeichnete Musik, auf der anderen ein dazu passender Kinderliedtext. Zu den damaligen Hitparaden-Sängern zählt auch **Enrico Caruso** (1873–1921).

Die Massenproduktion der Tonträger setzt 1897 mit der Schellackplatte ein: Mit 78 Umdrehungen pro Minute beherrscht die Platte jahrzehntelang die Tonindustrie. Als erste Schellackplatte erklingt „Twinkle, twinkle little star" aus dem Trichter von Berliners Apparat, der damals noch mit einer Handkurbel betrieben wird.

Enrico Caruso

Auguste und Louis Lumière
und die Welt des Kinos (1895)

Der Wunsch des Menschen, die Wirklichkeit zu reproduzieren und sich die Illusion „lebender" Bilder zu schaffen, lässt sich seit den steinzeitlichen Höhlenmalereien über die gesamte Kulturgeschichte hinweg verfolgen. Das seit 1893 bekannte Kinetoskop

Gebrüder Lumière

Gebrüder Lumière: Werbeplakat für eine kinematographische Vorführung.

des US-amerikanischen Erfindergenies **Thomas Edison** (1847–1931) fasziniert die Brüder **Louis** (1864–1948) und **Auguste Lumière** (1862–1954). Sie beschließen, das Guckkastenkino – eine beliebte Abwechslung auf Jahrmärkten – weiterzuentwickeln.

Die beiden Männer beschäftigt vor allem das Problem der kleinen Bilder, die nur jeweils einem Zuschauer das Betrachten erlauben. Das **Kinetoskop** ist mit einer Linse ausgestattet, durch die man nach Einwurf einer Münze einen zunächst manuell, später elektrisch angetriebenen Film mit ungefähr 40 Bildern pro Sekunde sehen kann. Als Bildträger wird ein Zelluloidfilm verwendet. Der 1,5 Zoll breite Bildstreifen mit je zwei Perforationslöchern auf den Seiten jedes Bildes ist bereits die Grundlage für das noch heute genutzte 35-mm-Format.

Die Brüder Lumière haben eine Vision: Sie wollen die Filme über ein Projektionsgerät auf eine Leinwand werfen und sie damit einem größeren Publikum zugänglich machen. Schon bald gelingt es, die Idee zu verwirklichen.

Am 22. März 1895 stellen die Lumières ihr „Cinétoscope de projection" der Société d'Encouragement à l'Industrie Nationale in Paris vor. Die anwesenden Fachleute sind tief beeindruckt von dem neuen Apparat, bemängeln aber, dass die Bilder verwackelt sind. Also machen sich die Lumières daran, ihre Erfindung, die sie nun **„Cinématographe Lumière"** nennen, so weit zu verbessern, dass sie öffentlich vorgeführt werden kann.

Vom Rummelplatz zum Kinosaal

Am 28. Dezember 1895 ist es soweit: Der erste Film wird gegen Eintrittsgeld im Salon des Grand Café in Paris gezeigt – die Geburtsstunde des Kinos. Der selbst gedrehte Kurzfilm zeigt Arbeiter beim Verlassen einer Fabrik. In der Folge produzieren die Lumières weitere erfolgreiche, an der Wirklichkeit orientierte Kurzfilme, in denen das Phänomen der Bewegung an verschiedenen Beispielen (meist aus dem Alltag) demonstriert wird. Dazu gehören Aufnahmen von Brandungswellen und ein Film über einen Gärtner beim Sprengen des Rasens. In einer ihrer effektvollsten Arbeiten fährt ein Postzug auf die Betrachter zu, die ängstlich zurückgewichen sein sollen.

Im April 1896 kommen die Lumières nach Berlin, wo ihre Filme ebenso begeistert aufgenommen werden wie zuvor in der Seine-Metropole. Der große Schritt nach vorn erfolgt zu Beginn des 20. Jh. Um 1914 existieren in Deutschland bereits 2900 Kinos, in den USA sogar 15.700. Um 1910 beginnt die große Ära des Stummfilms.

? Schon gewusst?

Ein Zauberer mit der Filmkamera schafft die erste Sternstunde des Kinos: **Georges Méliès** (1861–1938). Durch einen Kamerafehler entdeckt er 1898 die Möglichkeiten der Trickfotografie, entsinnt sich seiner Künste als Illusionist und schafft fortan humorvoll-fantastische Filme. Manche seiner Tricks verblüffen die Experten noch heute. Berühmt wurde vor allem *Le Voyage dans la lune* (Die Reise zum Mond) von 1902, in dem er eine Rakete mitten im Auge eines erzürnten Mondgesichts landen lässt.

Marie und Pierre Curie

entdecken die radioaktive Strahlung (1898)

Wie wohl keine andere Frau vor ihr hat die aus Polen stammende **Marie Curie** (1867–1934) die Geschichte der Physik und Chemie, aber auch der angewandten Naturwissenschaften und die Medizin beeinflusst. Gemeinsam mit ihrem französischen Ehemann

Marie und Pierre Curie

Pierre (1859–1906), Physikprofessor an der Pariser Sorbonne, entdeckt sie 1898 die strahlenden Elemente Radium und Polonium.

Als Marya Sklodowska kommt Marie Curie 1891 nach Paris, um an der Sorbonne Physik zu studieren. Dort lernt die von der Strahlenforschung begeisterte Wissenschaftlerin auch ihren späteren Ehemann Pierre kennen. Fasziniert von der Entdeckung der natürlichen radioaktiven Strahlung bei Uransalz, von der **Henri-Antoine Becquerel** (1852–1908) erstmals am 24. Februar 1896 berichtet, erforscht das Ehepaar unter heute unvorstellbar einfachen Bedingungen die bis dahin völlig unbekannte radioaktive Strahlung. Radioaktivität ist die Eigenschaft bestimmter Atomkerne, sich spontan und zeitlich nicht beeinflussbar unter Aussendung von Strahlung in Kerne anderer Atomarten zu verwandeln. Die beiden führen Versuche mit uranhaltigen Erzen durch. Nach mühevollen Experimenten und vielen Misserfolgen mit Pechblende – einem Mineral, das später zur Uran- und Radiumgewinnung benutzt werden wird – entdecken sie Polonium und am 26. Dezember 1898 das radioaktive Element Radium.

Das **Polonium** benennt Marie Curie nach ihrer Heimat Polen, und auch der Begriff „**Radioaktivität**" stammt aus ihrer Fantasie.

Ende 1898 kann das Ehepaar mit seiner Arbeit *Über eine neue radioaktive Substanz, die in der Pechblende enthalten ist* grundlegende wissenschaftliche Ergebnisse vorweisen: Nicht durch den chemischen oder physikalischen Zustand der Ausgangssubstanz entsteht Strahlung, sie beruht vielmehr auf Vorgängen, die im Inneren der Atome stattfinden. Im Jahre 1903 erhalten Marie Curie und ihr Mann gemeinsam mit Henri-Antoine Becquerel, dessen Entdeckungen der nach ihm benannten Becquerel-Strahlen für die Radioaktivität wegweisend sind, den Nobelpreis für Physik. 1911 wird Madame Curie, wie sie gern und hochachtungsvoll genannt wird, für ihre Arbeiten zum Radium als erster Person ein zweiter Nobelpreis verliehen: der für Chemie.

1934 stirbt Marie Curie durch strahlenbedingte Veränderungen in der Zusammensetzung ihres Blutes an Leukämie.

? Schon gewusst?

Gemeinsam mit ihrem Mann und später allein erforscht Marie Curie systematisch die physikalischen, chemischen und biologischen Eigenschaften der radioaktiven Strahlen und begründet damit die Radiochemie, den Einsatz radioaktiver Stoffe in der Forschung, medizinischen Diagnostik und Therapie.

20. Jahrhundert

Niemals zuvor in der Geschichte der Menschheit hat sich so viel in so rascher Zeitfolge verändert wie im 20. Jh. Eindrucksvolle Fortschritte in der Medizin haben die großen Seuchen weitgehend zurückgedrängt, und die technischen Errungenschaften haben die Lebensumstände vielerorts verbessert. Wir können weit in den Weltraum hinaus blicken und wissen um die Auswirkungen einer gesunden Ernährung auf die Funktionen unseres Körpers.

Desoxyribonukleinsäure

Graf Ferdinand von Zeppelin

und der fliegende Koloss (1900)

Graf Ferdinand von Zeppelin

Eine der ältesten Wunschvorstellungen der Menschen ist es, den Boden zu verlassen und sich wie ein Vogel in die Luft zu erheben. Schon in der Antike soll sich Ikarus der Sage nach selbst gebaute Flügel aus Wachs und Vogelfedern angelegt haben, um aus einem Gefängnisturm auf Kreta zu fliehen. Als er jedoch der Sonne zu nahe kommt, schmilzt das Wachs und er stürzt ab.

Die ersten Menschen, denen es in der Neuzeit gelingt, sich längere Zeit fliegend oder schwebend in der Luft zu bewegen, sind 1783 die französischen Brüder **Michel-Joseph** (1740–1819) und **Étienne Jacques** (1745–99) **Montgol-**

Otto Lilienthal

fier aus der Gegend von Lyon. Als erste Luftfahrzeuge bauen sie Heißluftballone aus Papier und schaffen es damit, den Boden zu

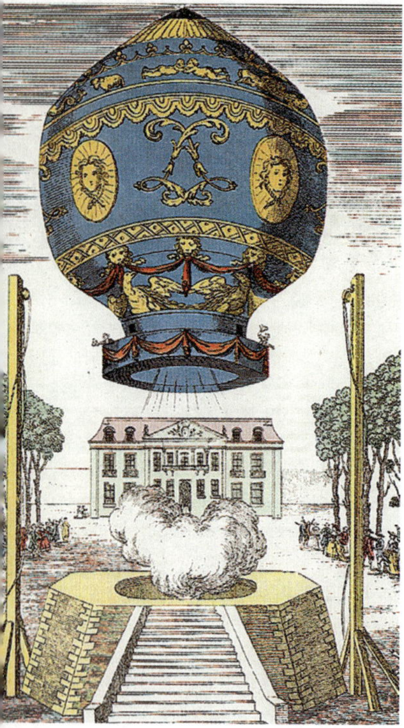

Heißluftballon von Étienne Jacques Montgolfier

verlassen. Die ersten ernst zu nehmenden Flugversuche mit Segelfluggeräten unternimmt der Deutsche **Otto von Lilienthal** (1848–96) in Berlin und Brandenburg. Ihm gelingen mit seinen Fluggeräten beachtliche Gleitflüge. Sein Verdienst um die Entwicklung der Luftfahrt besteht vor allem in seinen Studien zur Steuerbarkeit der Luftfahrzeuge.

Mit Unterstützung eines Benzinmotors treiben zu Beginn des 20. Jh. die amerikanischen Brüder **Orville** (1871–1948) und **Wilbur** (1867–1912) **Wright** ein weiterentwickeltes lilienthalsches Fluggerät an. Der Motor erlaubt ihnen eine längere Flugdauer.

Neue Perspektiven für den Luftverkehr

Die zivile Luftfahrt erlebt eine rasche Entwicklung. Einer ihrer Pioniere, **Graf Ferdinand von Zeppelin** (1838–1917), hat die Vision von einem soliden, schnellen und gut lenkbaren Luftschiff. Vor ihm versuchen bereits französische Forscher, Luftschiffe zu lenken und in der Luft zu halten, allerdings nur mit geringem Erfolg. Gemeinsam mit dem Ingenieur **Theodor Kober** (1865–1930) entwickelt der Offizier Zeppelin ein starres Luftschiff. An einem leichten Aluminiumrahmen kann eine Gondel für Passagiere und Besatzung befestigt werden. Das erste Luftschiff ist 128 Meter lang und hat einen Durchmesser von zwölf Metern. Seine Jungfernfahrt am 2. Januar 1900 führt mit 32 Stundenkilometern über den Bodensee.

Der Koloss erregt Aufmerksamkeit. Schon bald gründet Zeppelin eine eigene Stiftung, die spätere

! Weltreise

Als ein Vierteljahrhundert nach dem Jungfernflug dem Luftschiff LZ 126 die erste Atlantiküberquerung gelingt, ist der Zeppelin zu einem neuen Verkehrsmittel geworden. Am 8. Juli 1928 wird das Nachfolgemodell LZ 127 in Friedrichshafen auf den Namen **„Graf Zeppelin“** getauft. In die 236 Meter lange Hülle lassen sich 112.000 Kubikmeter Gas füllen. 1929 startet LZ 127 zu einer Fahrt um die Welt. Von Lakehurst geht die Reise nach Osten. Nach 55 Stunden erreicht man Friedrichshafen, nach weiteren 100 Stunden wird in Tokio Station gemacht. Die Weltreise, die wieder in Lakehurst endet, dauert 21 Tage, fünf Stunden und 31 Minuten.

„Luftschiffbau Zeppelin GmbH“. 1910 nimmt er den kommerziellen Luftverkehr mit Personenbeförderung auf. Regelmäßige Atlantikflüge werden allerdings 1937 jäh abgebrochen, als in der Nähe von New York die „Hindenburg LZ 129“ verunglückt und 36 Menschen in den Tod reißt. Danach erobern Propellermaschinen die Luft. Mit der Erfindung des Düsenantriebs werden Flugreisen schneller und in den 1970er-Jahren für große Teile der westlichen Bevölkerung auch erschwinglich.

Karl Landsteiner
und die Blutgruppen (1900)

Der Beginn des 20. Jh. bringt der Serologie, einem Gebiet der Medizin, das sich mit der Diagnostik von Krankheiten aus den Veränderungen des Blutserums befasst, einen recht unerwarteten Erfolg. Er bezieht sich nicht auf Krankheiten, sondern auf die individuellen Unterschiede des menschlichen Blutes.
Immer wieder in der Geschichte der Medizin versuchen Mediziner, Blutübertragungen vorzunehmen, vor allem, um den hohen Blutverlust bei Patienten auszugleichen. Meist geben sie den Kranken das Blut anderer Menschen, manchmal sogar das Blut von Tieren. In einigen Fällen mit Erfolg, doch meistens sterben die Betroffenen schneller als erwartet. Viele europäische Nationen verbieten daher gegen Ende des 19. Jh. Bluttransfusionen gänzlich.

Blut ist nicht gleich Blut

Den Schlüssel zum Problem der Unverträglichkeit findet schließlich 1900 der österreichische Arzt **Karl Landsteiner** (1868–1943): Er entdeckt die Blutgruppen. Für seine Untersuchungen entnimmt er seinen Mitarbeitern und sich selbst Blutproben und trennt das Blut in Plasma und rote Blutkörperchen. Anschließend vermischt Landsteiner Plasmaproben mit jeweils fremden roten Blutkörperchen. Er stellt fest, dass sich das menschliche Blut hinsichtlich der Fähigkeit des Serums unterscheidet, rote Blutkörperchen zusammenklumpen zu lassen. Eine Art von Blutserum vermag die roten Blutkörperchen der Person A, nicht aber die der Person B, eine andere dagegen in umgekehrter Weise die von B, nicht aber die von A, zum Verklumpen zu bringen. Wieder andere können die von beiden und noch andere weder die von A noch die von B agglutinieren. Die Blutzerstörung durch Verklumpung kommt zustande, weil bestimmte Substanzen des fremden Blutes, die Antigene, Antikörper (Eiweiß, das sich gegen ein bestimmtes Antigen richtet) des eigenen Blutes mobilisieren.

Das AB0-Blutgruppensystem

Bis 1902 hat Landsteiner das menschliche Blut in vier „Blutgruppen" oder „Bluttypen" eingeteilt, die er A, B, AB und 0 nennt. Das **AB0-Blutgruppensystem** ist die erste klassische Einteilung der Blutgruppen. Biochemische Merkmale auf der Oberfläche der roten Blutkörperchen und Antikörper bestimmen, zu welcher Blutgruppe ein Mensch gehört. Von da an wird die Bluttransfusion, die sich auf eine sorgfältige Bestimmung der Blutgruppen von Empfänger und Spender gründet, eine wichtige Bereicherung der medizinischen Praxis. Die Operationstechnik verbessert sich, und auch in der Gerichtsmedizin spielt fortan die Blutgruppenbestimmung bei der Identifikation von Blutflecken eine wichtige Rolle.

Doch gehört die Blutgruppenbestimmung nach Landsteiners Entdeckung noch nicht zur täglichen Routine. Selbst in der deutsch-

! Rhesussystem

Neben dem AB0-System existieren weitere Blutuntergruppen-Unterteilungen, etwa das Rhesussystem. Zu ihm gehören mehrere Antigene, so genannte Rhesusfaktoren, die auf den roten Blutkörperchen sitzen. Landsteiner entdeckt das Rhesussystem, als er 1940 rote Blutkörperchen von Rhesusaffen in Versuchskaninchen injiziert: Die Kaninchen bilden Antikörper gegen das Affenblut. Bei weiteren Versuchen wird deutlich, dass dieses gleiche, mit Rhesusaffenblut vorbehandelte Kaninchenserum auch menschliche rote Blutkörperchen zur Verklumpung bringen kann. Menschen, die diesen Rhesus-Faktor haben, bezeichnet man als Rhesus-positiv. Fehlt der Rhesus-Faktor, ist der Betreffende Rhesus-negativ.

sprachigen wissenschaftlichen Welt finden seine Untersuchungen wenig Beachtung. In manchen chirurgischen Abteilungen macht man sich zwar die Mühe, vor einer Transfusion zu prüfen, ob das Blut eines Patienten mit dem des Spenders übereinstimmt; im Allgemeinen wird dies aber als Zeitverschwendung angesehen. Erst nach dem Ersten Weltkrieg werden Blutgruppenbestimmungen üblich. Für seine Entdeckung wird Landsteiner 1930 mit dem Nobelpreis für Medizin und Physiologie ausgezeichnet.

Guglielmo Marconi
und die faszinierende Welt des Radios (1901)

Guglielmo Marconi

Vor über 100 Jahren – am 12. Dezember 1901 – sandte **Guglielmo Marconi** (1874–1937) die erste Funknachricht um die Welt. Obwohl seither eine lange Zeit vergangen ist, bildet dieser erfolgreiche Versuch die Grundlage für alle uns heutzutage so selbstverständlichen Dienste wie Hörfunk, Fernsehen, mobiles Telefonieren oder auch den Sprechfunkverkehr zwischen Flugzeugen und Schiffen. Der Pionier des Radios nutzt technische Mittel, die andere vor ihm schufen, und bereitet damit den Weg für die neue Kommunikationstechnik.

Heinrich Hertz

Der unweit von Bologna lebende Marconi findet schon früh Geschmack an physikalischen Basteleien und richtet sich im Keller des Elternhauses ein kleines Laboratorium ein. Bereits mit 21 Jahren macht er die ersten Erfindungen. Seine Forschungen bauen dabei auf den Erkenntnissen von **Heinrich Hertz** (1857–94) auf. Hertz weist 1888 durch Erforschung die Ausbreitung von elektromagnetischen Wellen über kurze Strecken im Labor nach. Die Frage, ob diese Wellen nicht auch auf größere Entfernung genutzt werden können, stellt zu dieser Zeit niemand – außer Marconi. So beginnen die ersten Experimente und Versuche. Die italienische Regierung weigert sich, die Forschungsvorhaben Marconis zu unterstützen, also geht er 1896 nach England. Im Mai 1897 gelingt es ihm, erstmals eine bis dahin nicht vorstellbare drahtlose Verbindung über den 14 Kilometer breiten Bristolkanal herzustellen.

Elektrische Impulse über den Atlantik

Der wohl wichtigste Moment in seinem Leben fällt in den Dezember 1901. An der Südspitze Englands lässt Marconi eine Groß-Sendestation mit der damals beträchtlichen Leistung von 35 Kilowatt errichten. Er selbst beginnt, in Neufundland auf dem „**Signal Hill**" bei Saint John die Empfangsstation zu bauen. Um die Antenne auf eine möglichst große Höhe zu bringen, lässt er sie mit einem Papierdrachen hochsteigen. Am 12. Dezember 1901 ist es dann soweit: Schwach, aber deutlich vernimmt Marconi die Morsezeichen des Buchstaben „S" aus 2500 Kilometern Entfernung. Die transatlantische Funkübertragung ist geboren. Marconi kann mit diesem Experiment beweisen, dass langwellige elektromagnetische Schwingungen an der Krümmung der Erdoberfläche entlang laufen und so Tausende von Kilometern überbrücken.

In den folgenden Jahren errichtet Marconi weltweit Funktelegrafendienste und initiiert den Bau von Küstenfunkstellen. Durch seine außergewöhnlichen Leistungen wird er zu einem international geachteten Wissenschaftler und Unternehmer. Im Jahre 1909 erhält Marconi – zusammen mit **Ferdinand Braun** (1850–1918) – für seine bedeutsamen Forschungsergebnisse auf dem Gebiet der drahtlosen Telegrafie den Nobelpreis für Physik.

! Erste Radiosendung

1922 kommt das erste tragbare Radio auf den Markt. Ein Jahr später, am 23. Oktober 1923, wird die erste öffentliche Rundfunksendung in Deutschland von einem 1-Kilowatt-Sender ausgestrahlt: Die Berliner Radiostunde aus dem Voxhaus in der Potsdamer Straße beginnt mit den Worten: „...und vergessen Sie nicht, Ihre Antenne zu erden". Schon Mitte der 1920er-Jahre existieren in vielen größeren Städten Deutschlands starke Sender mit einer Leistung von etwa 15 kW. Ende des Jahrzehnts wird der einfache Detektorempfänger dann durch die ersten Batterie-Röhrengeräte abgelöst.

Ernest Henry Starling und William Maddock Bayliss
lüften das Geheimnis der Hormone (1902)

Schon in der Kinderstube der Medizin haben Wissenschaftler und Gelehrte eine Vorahnung von bestimmten Substanzen, die den menschlichen Organismus steuern könnten. Rund 2000 Jahre später nimmt die Forschung über die körpereigenen Wirkstoffe so konkrete Formen an, dass mit naturwissenschaftlichen Experimenten hinter die Kulissen der menschlichen Physiologie geblickt werden kann. Den beiden englischen Physiologen **Ernest Henry Starling** (1866–1927) und **William Maddock Bayliss** (1866–1924) gelingt 1902 ein bedeutender Schritt in der Hormonforschung. Sie entdecken, dass die Bauchspeicheldrüse nach dem Durchtrennen aller zu ihr führenden Nerven immer noch funktioniert. Sie sondert Verdauungssubstanzen ab, sobald der Mageninhalt in den Darm gelangt. Dabei setzt der Dünndarm ein Sekret ab, dass die beiden Wissenschaftler „Sekretin" taufen. Dieses ist dafür verantwortlich, dass die **Bauchspeicheldrüse** verdauungsförderliche Stoffe absondert. 1904 schlägt Starling einen Namen zur Bezeichnung aller Substanzen vor, die durch besondere Drüsen in das Blut gelangen, um andere Organe zur Aktivität anzuregen: Hormon.

Die Identifikation neuer Botenstoffe

Die Hormontheorie der beiden Wissenschaftler erweist sich als außerordentlich bahnbrechend und erfolgreich. Man entdeckt rasch eine Anzahl weiterer Hormone, die sich in minimalen Konzentrationen in der Blutbahn befinden und ihre Wirkung genau aufeinander abstimmen. Damit wird ein sorgfältiger Ausgleich unter den chemischen Reaktionen des Körpers aufrecht erhalten oder bei Bedarf eine genau gesteuerte Änderung herbeigeführt. Schon 1901 konnte der japanische Chemiker **Jokichi Takami-**

? Schon gewusst?

Hormone sind körpereigene Informationsübermittler. Sie werden in Drüsenzellen bestimmter Organsysteme gebildet und anschließend ins Blut abgegeben. Dann gelangen sie zu Zellen mit speziellen „Andockstellen" (Rezeptoren), wo ihre Nachricht gelesen werden kann. Hormone haben einen regelnden und steuernden Einfluss auf die Tätigkeit des Organismus und seiner Organe.

ne (1854–1922) in der Nebenniere eine Substanz identifizieren, die nach den Erkenntnissen von Starling und Bayliss als Adrenalin erkannt wird. Bei Stress oder körperlicher Aktivität regt es den Stoffwechsel an, Energie bereit zu stellen. 1916 entdeckt **Edward Calvin Kendall** (1886–1972) das Thyroxin, das Hormon der Schilddrüse.

Das Stoffwechselhormon Insulin

Der spektakulärste frühe Erfolg der Hormonforschung zeigt sich in der Behandlung von Diabetes (Zuckerkrankheit). Bei Diabetes ist die Regulierung der Umwandlung von Zucker in Energie gestört, sodass sich ein zu hoher Blutzuckergehalt einstellt. Bis zu Beginn des 20. Jh. war die Krankheit tödlich. Mediziner vermuteten bereits, dass die Bauchspeicheldrüse in bestimmter Weise mit der Krankheit zusammenhängt. Doch erst dem jungen kanadischen Arzt **Frederick Grant Banting** (1891–1941) und seinem Assistenten **Charles Herbert Best** (1899–1978) gelingt es, das Bauchspeicheldrüsenhormon Insulin zu gewinnen und damit Behandlungswege für die Zuckerkrankheit aufzuzeigen. Die Anwendung von Insulin bei Diabetikern gehört zu den großartigsten Fortschritten in der Medizin des 20. Jh.

Frederick Gowland Hopkins und Christiaan Eijkman

kommen den Vitaminen auf die Spur (1906)

Um 1900 glauben die meisten Ärzte, alle Krankheitssymptome seien auf das Eindringen von Keimen in den Körper zurückzuführen. Dass eine schlechte Ernährung und das Fehlen bestimmter Nährstoffe die Ursache für Erkrankungen sein können, rückt erst mit **Frederick Gowland Hopkins** (1861–1947) und **Christiaan Eijkman** (1858–1930) in den Blickpunkt des allgemeinen Forschungsinteresses.

Im Zeitalter der Entdeckungsreisen lebten Menschen mehrere Monate auf engen Schiffen und mussten sich mit Nahrungsmitteln begnügen, die nicht verdarben. Frisches Obst und Gemüse standen nicht auf dem Speisezettel. Die weit verbreitete Krankheit dieser Seeleute ist Skorbut, die mit Knochen- und Gelenkveränderungen, Blutungen des Zahnfleisches und der Haut einhergehen. Schon der schottische Arzt **James Lind** (1716–94) macht sich Gedanken darüber, ob fehlende Nahrungsbestandteile Grund dieser Erkrankung sein können. 1747 stellt er einen Versuch mit unterschiedlichen Lebensmitteln

Namensgeber

Ihren Namen bekommen die lebenswichtigen Vitalstoffe 1912 vom polnisch-amerikanischen Biochemiker **Casimir Funk** (1884–1967). Er vertritt die Meinung, dass diese Faktoren Amine (Stickstoffverbindungen) sein müssten und schlägt als Namen „vitale (lebenswichtige) Amine“ oder kurz **„Vitamine“** vor. Vitamine sind organische Verbindungen, die vom Organismus für die Aufrechterhaltung lebenswichtiger Funktionen benötigt werden. Sie müssen regelmäßig in entsprechenden Mengen mit der Nahrung zugeführt werden. Ihre Struktur war lange Zeit nicht bekannt, und man bezeichnete sie deshalb mit den Buchstaben A, B, C usw.
Insgesamt gibt es 13 Vitamine und ein Provitamin, die man in zwei Gruppen einteilt: die wasserlöslichen und die fettlöslichen Vitamine. Zu den wasserlöslichen gehören die Vitamine B1, B2, B6, B12 sowie Biotin, Folsäure, Niacin, Pantothensäure und Vitamin C. Fettlöslich sind die Vitamine A, D, E, K und Provitamin A, eine Vorstufe von Vitamin A, die unser Körper in das eigentliche Vitamin umwandelt.

an, die er an vom Skorbut befallene Seeleute verteilt. Er findet heraus, dass Zitrusfrüchte Erleichterung verschaffen. Heute wissen wir, das Skorbut auf einen Mangel an Vitamin C zurückzuführen ist.

Der Mensch lebt nicht vom Brot allein

Über 100 Jahre später weist der holländische Arzt Eijkman durch Fütterungsversuche an Hühnern nach, dass Beriberi – eine Mangelerkrankung – auf das Fehlen winziger Mengen noch unbekannter Substanzen in der Nahrung zurückgeht. Heute wissen wir, dass es sich hierbei um das Vitamin B1 handelt.

Bald nach der Jahrhundertwende kommt ein anderer Forscher zu der Erkenntnis, dass neben den Nahrungsbestandteilen Kohlenhydrate, Fette und Proteine gewisse zusätzliche Inhaltsstoffe in der Nahrung existieren.
Der englische Biologe Frederick Gowland Hopkins zeigt schließlich, dass sämtliche Lebensmittel bestimmte, bis dahin unbekannte, Bestandteile enthalten, die für Gesundheit und Wachstum absolut lebensnotwendig sind. 1906 prägt Hopkins den Begriff der zusätzlichen Nahrungsstoffe. Er und Christiaan Eijkman teilen sich 1929 für ihre Erkenntnisse den Nobelpreis für Medizin.

Henry Ford
und Autos vom laufenden Band (1913)

Henry Ford

Das Fließband bringt alles ins Rollen: Vor knapp 100 Jahren führt **Henry Ford** (1863–1947) als einer der Ersten die Fließbandtechnik in den Automobilbau ein und schafft damit ein Konzept der modernen Fertigung von Fahrzeugen. Diese Errungenschaft revolutioniert nicht nur die industrielle Produktion, sondern hat auch starken Einfluss auf die moderne Kultur.

Und so fängt alles an: Der Tüftler und Techniker Ford gründet am 16. Juni 1903 mit einem eher bescheidenen Anfangskapital von 28.000 Dollar in einer alten Waggonfabrik in Detroit zusammen mit elf anderen Investoren (je ein Kohlenhändler, Buchhalter, Bankkaufmann, Tischler, Büroangestellter, Kurzwarenhändler, Hersteller von Luftgewehren, ferner zwei Anwälte und zwei Brüder, die eine Halle besitzen) die Ford Motor Company. Jahrelang be-

Henry Ford: Modell T (Tin Lizzy, 1912–1914)

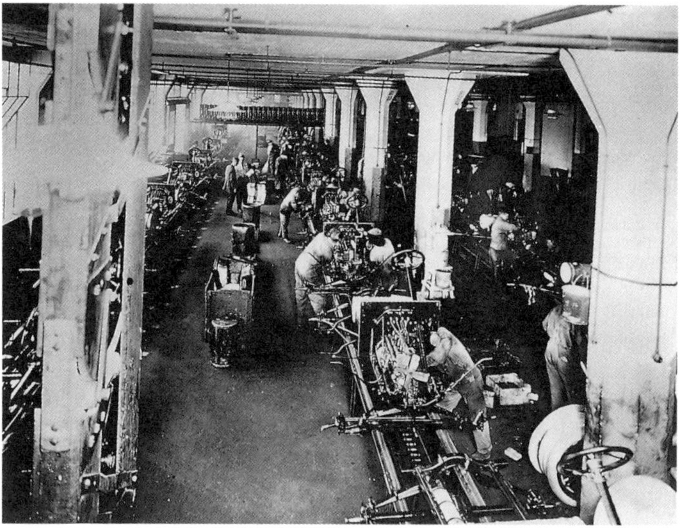

Henry Ford: Montage des T-Modells von Ford am Fließband 1914 im Highland Park, Detroit

drängen ihn seine Mitaktionäre, luxuriöse Autos für reiche Amerikaner zu entwickeln und zu bauen. Doch Ford hat andere Vorstellungen. Er träumt von einem billigen und zuverlässigen Auto für die breite Masse. Sein „Universal-Auto" wird das **T-Model**, das er 1908 der Öffentlichkeit vorstellt. Es wird auf der Stelle zum Verkaufsschlager.

Alle wollen die „Tin Lizzy"

Die Nachfrage nach **„Tin Lizzy"**, wie das T-Modell liebevoll genannt wird, ist kaum zu befriedigen. Ford erinnert sich an die Fließbandtechnik, die er auf Schlachthöfen gesehen hat, und passt diese an die Autoproduktion seines Unternehmens an. 1913 führt er als erster Automobilunternehmer das Fließband ein und verdoppelt bald darauf zum Ärger der Konkurrenten die Löhne seiner Arbeiter auf fünf Dollar pro Tag. Auch die Gewinnbeteiligung führt er ein. Ford schafft es, mithilfe der kostengünstigeren Produktion die Preise dramatisch zu senken und heizt gleichzeitig den Autoabsatz weiter an. Das Fließband, zwar nicht von Ford erfunden, aber von ihm perfekt in seine Produktion integriert, erweist sich bald als Motor industrieller Fertigung.

In den Fordwerken hat jeder Arbeiter an einem festen Arbeitsplatz eine bestimmte Arbeitsleistung zu vollbringen. Das zu produzierende Auto bewegt sich langsam weiter, von Arbeitsbereich zu Arbeitsbereich. Mit dem Fließband verachtfacht sich die Produktionsgeschwindigkeit. Die Fertigung wird so weit perfektioniert, dass an jedem Arbeitstag alle zehn Sekunden ein fertiges Ford Modell-T aus der Halle rollen kann. Es folgt eine beispiellose Erfolgsserie mit ständig neuen Pro-

Henry Ford: Montage eines Ford-Automobils am Fließband

duktionsrekorden und einem Gesamtabsatz von mehr als 15 Millionen T-Model-Autos bis 1927.

? Schon gewusst?

Henry Ford gilt als sozialer Reformer und Visionär, der einerseits modernste Prinzipien der Rationalisierung anwendet, andererseits seinen Arbeitern überdurchschnittliche Löhne zahlt und für die damaligen Zeiten sehr gute Arbeitsbedingungen einräumt. Der **„Fordismus“** gilt noch heute als Grundprinzip für jeden erfolgreichen Unternehmer. Aber auch die Schattenseiten seiner Biografie sollen nicht verschwiegen werden: Als bekennender Antisemit veröffentlichte er schon in den 1920er-Jahren antisemitische Schriften, und in den 1930er- und 1940er-Jahren arbeitete er eng mit dem Nazi-Regime in Deutschland zusammen.

Wladimir Kosma Zworykin
läutet das TV-Zeitalter ein (1923)

Der Name Zworykin ist weitgehend unbekannt. Kein Wunder, arbeiten doch weltweit Heerscharen von Forschern an der Entwicklung des Fernsehens mit.

Zuschauer bei einer der ersten Fernsehsendungen

Und obwohl er niemals daran interessiert ist, als „Vater des modernen Fernsehens“ zu gelten, gebührt dem russischen Ingenieur der Elektrotechnik **Wladimir Kosmia Zworykin** (1889–1982) die Ehre, 1923 einen elektronischen **Bildabtaster** (Ikonoskop) entwickelt zu haben. Dieser läutet das TV-Zeitalter ein; und die Stimmen, die bereits seit Anfang des Jahrhunderts durch das Radio aus dem Äther klingen, bekommen damit ein Gesicht.

Will man den ganzen Weg der Fernsehbilder – von der Aufnahme bis zur Wiedergabe am heimischen Schirm – verfolgen, muss man in der Geschichte bis ins Jahr 1897 zurückgehen. In diesem Jahr entwickelt der deutsche Physiker **Karl Ferdinand Braun** (1850–1918) eine Kathodenstrahlröhre, die so genannte Braun'sche Röhre. Bis heute wird sie in unsere TV-Geräte und Computermonitore eingebaut. Die **Braun'sche Röhre** besteht aus einem abgeschlossenen Glaskolben mit einer Glühkathode. Die austretenden Elektronen werden zu einem Strahl gebündelt und auf einem Leuchtschirm sichtbar gemacht. Ein modernes Fernsehbild präsentiert uns etwa 13 Millionen derart erzeugter Punkte in der Sekunde. Aus diesen werden 25 Einzelbilder zusammengesetzt, die dem Auge die Illusion der Bewegung vermitteln. Was Zworykin für die Aufnahme der Bilder bedeutet, leistet also Braun für deren Wiedergabe.

Öffentliche Fernsehstuben in Berlin

Auf der Berliner Funkausstellung 1928 wird das Ikonoskop von Zworykin erstmals der Öffentlichkeit vorgestellt. Bereits ein Jahr später strahlt die Deutsche Reichspost in Versuchssendungen Stummfilme aus. Im selben Jahr

! Elektrisches Teleskop

Bereits vor Braun und Zworykin gelingt dem deutschen Techniker **Paul Nipkow** (1860–1940) erstmals die elektrische Bildübertragung. 1883/84 erfindet er eine sich drehende Scheibe mit spiralförmig angeordneten quadratischen Löchern, mit der Bilder in Punkte zerlegt und am Ende einer Leitung auch wieder zusammengesetzt werden können. Sein „Elektrisches Teleskop“ ist damit ein Vorläufer des heutigen Fernsehens. In seiner beim Kaiserlichen Patentamt in Berlin hinterlegten Patentschrift heißt es: „Der hier zu beschreibende Apparat hat den Zweck, ein am Ort A befindliches Objekt an einem beliebigen anderen Ort B sichtbar zu machen.“

beginnt auch die British Broadcasting Corporation (BBC) mit Übertragungen. Am 22. März 1935 wird in Berlin das erste regelmäßige Fernsehprogramm der Welt an drei Wochentagen von 20.30 bis 22 Uhr ausgestrahlt. Da kaum jemand die teuren Empfänger kaufen kann, entstehen in der deutschen Hauptstadt kurz darauf öffentliche Fernsehstuben. Die Olympischen Sommerspiele in Berlin 1936 sind wohl das erste sportliche Großereignis, das einem breiten Publikum außerhalb der Sportarenen zugänglich gemacht wird. Seine amerikanische Premiere erlebt das Fernsehen bei der Weltausstellung 1939 in New York, als eine Rede des Präsidenten Roosevelt übertragen wird.

Als die Bilder bunt wurden

Die ersten farbigen Bilder lassen nicht lange auf sich warten. Bereits 1941 gelingt dem britischen Ingenieur **John Logie Baird** (1888–1946) die Übertragung. Doch erst 1954 in den USA und 1967 in Deutschland flimmern sie auch der Fernsehgemeinde in die Wohnzimmer. Als vorläufiger Höhepunkt fernsehtechnischer Möglichkeiten gelingt am 20. Juli 1969 die Übertragung der Mondlandung von „Apollo 11“: In einer Liveübertragung werden die ersten Schritte eines Menschen auf dem Mond dokumentiert.

Der Vater unseres modernen Fernsehens, Wladimir Kosma Zworykin, war übrigens sehr skeptisch, was das Fernsehen und seine Auswirkungen anging: „Ich würde meine eigenen Kinder nicht fernsehen lassen“, betonte der TV-Pionier in seinen späteren Jahren.

Alexander Fleming
und der heilende „Schimmelsaft“ (1929)

Alexander Fleming

Immer mehr Menschen ziehen seit Mitte des 19. Jh. vom Land in die Städte, um dort ihren Lebensunterhalt in Fabriken zu verdienen. Die Wohnverhältnisse der Arbeiter sind katastrophal. Die dunklen Hinterhöfe und schlechten hygienischen Lebensbedingungen sind ein Nährboden für Tuberkulose, Typhus, Diphterie und andere ansteckende Krankheiten. Ärzte und Wissenschaftler suchen verzweifelt nach wirksa-

men Behandlungsmöglichkeiten für die betroffenen Menschen.
Eigentlich will der britische Bakteriologe **Alexander Fleming** (1881–1955) im September 1928 Staphylokokken-Bakterien züchten. Doch er arbeitet unsauber, und außer Bakterien wächst auch ein Schimmelpilz auf der Petrischale. Das Experiment ist missglückt. Doch bevor Fleming die Schale wegwirft, sieht er sie sich genau an und ist nicht wenig erstaunt: Rund um die Schimmelpilze wachsen keine Bakterien. **„That is funny"** soll der wortkarge Schotte gesagt haben – und hat damit eine Revolution in der Medizin eingeleitet.
Fleming findet heraus, dass der Pilz namens „Penicillium notatum" einen „Schimmelsaft" absondert, der Bakterien abtötet. Nicht nur Laborbakterien, sondern auch Krankheitserreger wie Milzbrandbazillen und die Erreger der Hirnhautentzündung. Doch kaum jemand reagiert auf seine Veröffentlichung *Über die antibakterielle Wirkung von Penicillin-Kulturen.* Fleming führt darin aus, dass Penicillin besonders auf die Eiter erregenden Bakterien abtötend und wachstumshemmend wirkt. Es gelingt ihm jedoch nicht, größere Mengen an Penicillin zu isolieren.

? Schon gewusst?

Ab 1944 erfolgt die Produktion gereinigten und konzentrierten Penicillins. Zunächst steht das Medikament lediglich den amerikanischen Streitkräften zur Verfügung, die im Krieg einen besonders hohen Bedarf haben. Erst ab 1945 ist der Bakterienkiller auf Rezept für jedermann erhältlich. Bis dahin wird das Antibiotikum zu Wucherpreisen auf dem Schwarzmarkt gehandelt. Im selben Jahr erhalten Fleming, Chain und Florey den Nobelpreis für Medizin und Physiologie für die Entdeckung des Penicillins und seiner heilenden Wirkung bei verschiedenen Infektionskrankheiten. Erst 1957 finden Wissenschaftler heraus, wie die Substanz wirkt: Penicillin verhindert, dass Bakterien ihre Zellwand aufbauen. Durch ihren Innendruck platzen die Bakterien-Zellen wie ein Fahrradschlauch ohne Mantel.

Der große Durchbruch

1938 sehen sich der Pathologe **Howard Florey** (1898–1968) und der Chemiker **Ernst Boris Chain** (1906–79) das Penicillin genauer an. Es funktioniert, das Antibiotikum – eine chemische Verbindung, die Bakterien abtötet – zu isolieren. Sie können so große Mengen herstellen, dass es bei Tieren und später auch beim Menschen zur Bekämpfung bakte-

Ernst Boris Chain

rieller Infektionen eingesetzt werden kann. Mit finanzieller Hilfe und der Unterstützung des US-Landwirtschaftsministeriums leiten Florey und Chain die industrielle pharmazeutische Produktion von Penicillin ein.

Otto Hahn und Friedrich Straßmann

spalten den Atomkern (1938)

Otto Hahn

Otto Hahn (1879–1968) ist der Pionier der Radioaktivitätsforschung in Deutschland. Von Haus aus Chemiker, ist er zunächst Assistent **Ernest Rutherfords** (1871–1937) in Montreal und arbeitet dann in Berlin über 30 Jahre mit der Physikerin **Lise Meitner** (1878–1968) zusammen. Hahns wissenschaftliche Karriere gipfelt 1938 in der Entdeckung der Kernspaltung mit **Fritz Straßmann** (1902–80), für die er 1946 mit dem Nobelpreis für Chemie ausgezeichnet wird. Er schafft mit seiner Entdeckung die Voraussetzungen zur technischen Nutzung der Kernenergie, aber auch zur Herstellung von Atomwaffen.

Dass im Inneren der Atome gewaltige Energiemengen gebunden sind, weiß die Wissenschaft, seit **Henri-Antoine Becquerel** (1852–1908) 1896 die radioaktive Strahlung des natürlichen Urans entdeckt. Den Schlüssel zu ihrer Entfesselung liefert **James Chadwick** (1891–1974), als er 1932 die Existenz von Neutronen nachweist, jener elektrisch neutralen Teilchen, die zusammen mit den positiv geladenen Protonen die Atomkerne bilden. 1934 blicken die Naturwissenschaftler nach Rom, wo **Enrico Fermi** (1901–54) Uran mit Neutronen beschießt und dabei, wie er glaubt, so genannte Transurane erzeugt hat: neue, künstliche Elemente jenseits von Uran.

Die Spaltung des Urankerns

Diese vermeintliche Entdeckung fasziniert auch Otto Hahn, den Direktor des Kaiser-Wilhelm-Instituts für Chemie in Berlin, Lise Meitner, die Leiterin der radiophysikalischen Abteilung, und Hahns Assistenten Fritz Straßmann. Der Chemiker Hahn und die Physikerin Meitner arbeiten bereits seit 1907 erfolgreich zusammen, und Straßmann gilt als hervorragender Analytiker. Die drei wiederholen Fermis Experimente und stoßen dabei auf Widersprüche. Lise Meitner, der theoretische Kopf im Team, kann jedoch an der Lösung des Problems nur noch aus dem Exil mitwirken: Mit dem Anschluss Österreichs an Hitlers Reich im März 1938 ist sie, die österreichische Jüdin, deutsche Staatsbürgerin geworden und – nun ohne Schutz vor antisemitischer Verfolgung – nach Stockholm geflohen. Die Experimente gehen ohne sie weiter und lassen am Ende nur einen „schrecklichen Schluss" zu: Die Jagd nach den **Transuranen** führt Forscher in die Irre. Unter den Reaktionsprodukten, die beim Beschuss von Uranatomen mit Neutronen entstehen, finden sie keine Elemente, die schwerer sind als Uran, sondern das viel leichtere **Barium**. Einige der **Urankerne** haben sich also gespalten. Hahn teilt diese Entdeckung im Dezember 1938 zunächst nur Meitner mit, um ihr die physikalische Deutung dieses Effektes zu sichern. Erst danach wendet er sich mit seiner Entdeckung an die Öffentlichkeit.

Der Weg zur Atombombe wird frei

Wie elektrisiert wenden sich Forscher aus der ganzen Welt diesem Thema zu, und bald gibt es keine Zweifel mehr: Ein langsames Neutron kann den Kern von Uran 235 in einen Barium-144- und einen Kryton-89-Kern spalten, die mit einer Energie von 200 Megaelek-

! Manhattan Project

1942 initiiert die amerikanische Regierung das **„Manhattan Project"**, dessen Aufgabe der Bau der ersten Atombombe ist. Wichtigster Mitarbeiter ist der aus dem faschistischen Italien geflohene Physiker Enrico Fermi. Es gelingt ihm, in einer Versuchsanlage auf dem Sportplatz der Universität von Chicago, eine sich selbst erhaltende Kettenreaktion auszulösen. Während die US-Amerikaner weiter an ihrer Bombe arbeiten, führen Fermis Experimente in eine andere Richtung: die friedliche Nutzung der Kernenergie zur Energiegewinnung. 1951 erzeugt der Versuchsreaktor EBR 1 in Idaho erstmals Strom durch Kernspaltung.

tronenvolt auseinander fliegen, wobei zwei bis drei Neutronen frei und für eine Kettenreaktion nutzbar werden. Uran ist als „Brennstoff" damit dreimillionenmal effektiver als Steinkohle. Der Weg zum Kernreaktor, aber auch zur **Atombombe,** ist frei.
1945 werfen die USA die ersten Atombomben über den japanischen Städten Hiroshima und Nagasaki ab – mit verheerenden Folgen für Mensch und Natur. Vom fürchterlichen Missbrauch seiner Entdeckung entsetzt, wendet sich Hahn fortan gegen die militärische Verwendung der Atomenergie und gegen jede andere Form der Aufrüstung.

Konrad Zuse
und der erste Computer (1941)

Man mag es sich kaum vorstellen, doch es ist tatsächlich mehr als 60 Jahre her, dass der deutsche Bauingenieur **Konrad Zuse** (1910–95) im Jahr 1941 unter der Bezeichnung „Z3" den wohl ersten funktionsfähigen digitalen Computer der Welt vorstellt. Keinesfalls in der Vollendung, die heutzutage auf fast jedem Schreibtisch Rechnerleistung satt anbietet. Doch auf seiner Entwicklung basiert die gesamte moderne Computertechnologie.
Zuse, der 1928 im sächsischen Hoyerswerda sein Abitur macht, schließt 1935 sein Studium als Bauingenieur an der heutigen Technischen Universität Berlin ab. Bereits ein Jahr später arbeitet er an der Entwicklung eines programmierbaren Rechners. Das Resultat liegt 1938 mit dem **„Z1"** vor: ein elektrisch angetriebener mechanischer Rechner, der seine Befehle von Lochkarten erhält. 1940 folgt der verbesserte **„Z2"** und 1941 endlich der legendäre **„Z3"**, der sozusagen das Computerzeitalter einläutet. Der „Z3" ist ein Binärrechner mit Speicher und einer Zentralrecheneinheit aus Telefonrelais.

? Schon gewusst?

Binär kommt aus dem Lateinischen und bedeutet so viel wie „aus zwei Einheiten" (oder Teilen) bestehend. Ein binäres System verwendet zur Darstellung von Zeichen (etwa Buchstaben oder Zahlen) nur zwei Zeichen. Im Dualsystem, mit dem noch heutige Computer arbeiten, sind es die Ziffern 0 und 1. Sie lassen sich auf einfache Weise elektronisch realisieren – durch die Zustände Stromspannung ein = 1 und Stromspannung aus = 0. Und damit ist auch bereits das Geheimnis der Funktionsweise des PCs gelüftet. Das Ganze läuft allerdings in rasanter Geschwindigkeit ab.

Rein mechanisch-analoge Rechner gibt es bereits seit Beginn des 20. Jh. Doch bereits in den 1920er-Jahren versuchen Techniker sich an elektrischen Rechnerelementen. Die gängigen Geräte können in puncto Geschwindigkeit und Rechnerleistung dem technischen Fortschritt nicht mehr Paroli bieten. Ein Quantensprung auf dem Weg ins moderne Computerzeitalter gelingt dem US-Amerikaner **Vannevar Bush** (1890–1974), der 1930 mit einem elektrisch betriebenen analogen Großrechner komplexe Berechnungen in kurzer Zeit bewältigen kann. 1936 ist es dann der britische Mathematiker **Alan Turing** (1912–54), der neue Impulse in der Computertechnologie setzt. Mit seiner so genannten Turingmaschine stellt er die theoretischen Grundlagen für komplizierte Rechenabläufe vor. Zuse arbeitet damals – bedingt durch die politischen Verhältnisse – auf dem europäischen Festland noch isoliert vor sich hin.

Z4: der erste kommerzielle Computer

Nach dem Ende des Zweiten Weltkriegs gründet Konrad Zuse eine eigene Firma und stellt mit dem „Z4" 1949 den weltweit ersten kommerziellen Computer her. In den 1960er-Jahren zieht er sich aus der Geschäftsführung zurück. Nachbauten seiner legendären Computer „Z1" und „Z3" sind noch heute im Deutschen Technik-Museum Berlin bzw. im Deutschen Museum in München ausgestellt.

Ein Computer für den Hausgebrauch

Die Industriecomputer der frühen Jahre sind wahre „Platzfresser". Nicht selten wird eine Fabrikhalle mittlerer Größe für die Aufstellung benötigt. Zudem kann ein Exemplar schon einmal mehrere Millionen Euro (damals natürlich D-Mark) kosten. Für den Hausgebrauch wird der Computer erst allmählich ab den 1970er-Jahren üblicher. Voraussetzung dafür ist die Entwicklung des ersten Mikroprozessors 1971. Mit den neuen Chips wird es bald möglich, hohe Rechnerleistung in einem Kasten von der Größe einer Zigarettenschachtel unterzubringen. Damit steht der Entwicklung des heutigen PCs nichts mehr im Wege, wobei PC für „Personal Computer" steht.

Albert Claude
und die „gläserne" Zelle (1950)

Der belgische Zellforscher **Albert Claude** (1899–1983) betritt wissenschaftliches Neuland, als es ihm gelingt, die Komponenten einer Zelle zu isolieren und zu analysieren. Für seine Arbeiten auf

! Doppelhelix

Francis Crick (geb. 1916) und James Watson (geb. 1928) begründen die moderne Genetik. Die Wissenschaftler erkennen 1953, dass die DNS als so genannte **Doppelhelix** („Watson-Crick-Spirale") vorliegt und als hochmolekulare Polynukleinsäure Träger der genetischen Information ist. Das Molekül ist ein dreidimensionaler, spiralförmiger Doppelstrang, in dessen Innenraum sich die vier Basen immer jeweils zu zweit zusammenschließen. Unsere Erbsubstanz sieht aus wie eine Wendeltreppe. Dabei muss man sich die Basen als Treppenstufen und Zucker und Phosphat als Treppengeländer vorstellen. Das Besondere an dieser Struktur ist, dass sie sich selbst kopieren kann.

Desoxyribonukleinsäure

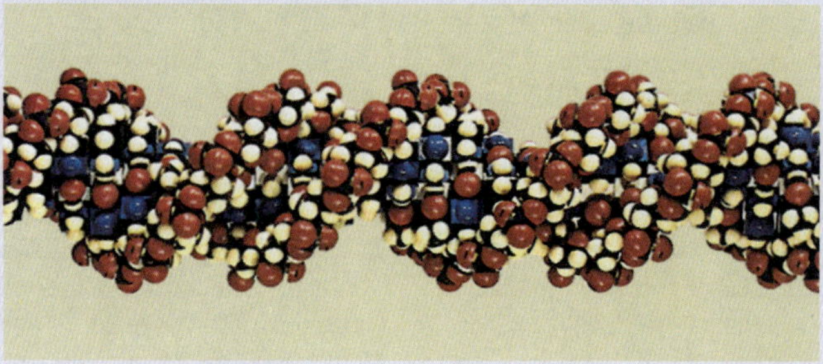

dem Gebiet der strukturellen und funktionellen Organisation der Zellen erhält er – der allgemein als Vater der Zellbiologie anerkannt wird – 1974 den Nobelpreis für Medizin und Physiologie.
Zellen bilden die Grundbausteine eines jeden Lebewesens. Sie enthalten Erbinformationen, die in der **Desoxyribonukleinsäure** (DNS) gespeichert sind: Diese steuert die Tätigkeiten der Zelle und gibt ihr die Fähigkeit, sich fortzupflanzen und ihre Eigenschaften weiterzugeben. Ein erwachsener Mensch besteht aus ungefähr 100.000 Milliarden Zellen.
Die Zellen sind aus verschiedenen Bestandteilen, den Organellen, zusammengesetzt, die von Hüllen, den Membranen, umgeben sind. Die Organellen sind auf die Ausführung bestimmter Aufgaben spezialisiert: So enthält der Zellkern, das Steuerzentrum der Zelle, etwa die Erbmasse, die DNA.

Zellen stammen immer von Zellen ab

Bei der Untersuchung von Korkscheiben unter dem Mikroskop entdeckt schon 1667 der englische Wissenschaftler **Robert Hooke** (1635–1703) eine porenartige Substanz. Er gibt ihnen den Namen „cells“. 1839 finden **Matthias Schleiden** (1804–81) und **Theodor Schwann** (1810–82) heraus, dass sich Mutterzellen in jeweils zwei Tochterzellen teilen. Schwann stellt seine berühmte Zelltheorie auf, die besagt, dass alle lebenden Gewebe aus Zellen bestehen. 1854 vervollständigt **Rudolf Virchow** die Theorie, die er mit den Worten umschreibt: Alle Lebewesen bestehen aus Zellen, und Zellen stammen immer von Zellen ab. Erst die Entwicklung von Elektronenmikroskopen (1931) macht es möglich, einen genauen Blick auf den Aufbau der Zelle zu werfen.

Gregory Pincus und John Rock

und das Ende ungewollter Schwangerschaften (1957)

Seit Jahrtausenden ersinnen Menschen Mittel und Wege, um eine ungewollte Schwangerschaft zu vermeiden. Viele dieser althergebrachten Methoden sind jedoch alles andere als sicher. Die Folge: Ungewollte Schwangerschaften oder unsachgemäß ausgeführte Abtreibungen, bei denen Millionen von Frauen sterben. Der Gedanke an eine sichere hormonelle Methode kann erst Früchte tragen, nachdem Anfang des 20. Jh. die medizinischen Grundlagen dafür weitgehend geklärt sind.

Viele Schritte – ein Ziel

Seit etwa 1850 ist bekannt, dass die Eierstöcke der Frau in regelmäßigen Abständen ein Ei hervorbringen. 1902 entdecken **Ernest Henry Starling** (1866–1927) und **William Maddock Bayliss** (1866–1924) die Hormone – körpereigene Substanzen, die neben anderem auch die Fortpflanzung steuern. Ein wichtiger Schritt zur Klärung gelingt 1919 dem österreichischen Arzt und Physiologen **Ludwig Haberlandt** (1885–1932). Er kommt nach mehreren Tierversuchen erstmals auf die Idee, Frauen Schwangerschaftshormone zuzuführen, die den Eisprung unterdrücken. 1928 stellen amerikanische Wissenschaftler fest, dass nach dem Eisprung im Körper der Frau ein Hormon erzeugt wird, dass das Heranreifen einer neuen Eizelle verhindert. Sie nennen es **Progesteron** (Gelbkörperhormon). Das weibliche Geschlechtshormon Östrogen entdecken 1929 Forscher in Missouri. Chemiker der Firma Schering in Berlin entwickeln 1938

! Engelmacherin

Der Schwangerschaftsabbruch ist in Deutschland im § 218 des Strafgesetzbuches geregelt. Abtreibung ist rechtswidrig, nach heutigem Recht aber bis zum dritten Schwangerschaftsmonat straffrei, wenn vor dem Eingriff eine Beratung stattgefunden hat. Vor der Legalisierung blieb vielen Frauen nichts anderes übrig, als eine Abtreibung illegal vornehmen zu lassen – bei einer so genannten Engelmacherin. Der Begriff „Engelmacherin" war ursprünglich die Bezeichnung für eine Frau, die Pflegekinder absichtlich sterben ließ („zu Engeln machte"). In der Umgangssprache wird so eine Frau bezeichnet, die illegale Abtreibungen vornimmt. Engelmacherinnen sind oft gleichzeitig Hebammen und arbeiten unter hygienisch prekären Bedingungen, sodass der Eingriff vielfach zu Komplikationen, Unfruchtbarkeit oder gar Tod der Frau führt. In Ländern mit Fristenlösung oder legalen Möglichkeiten zur Abtreibung kommen Engelmacherinnen kaum vor, da dort Abtreibungen in der Regel von Gynäkologinnen oder Gynäkologen vorgenommen werden.

schließlich das erste synthetische Progesteron. **Werner Bickenbach** (1900–74) führt damit 1944 die weltweit ersten Versuche zur Schwangerschaftsverhütung durch.

Frauen sind die treibende Kraft

Zwei politisch engagierte Frauen, die Führerin der amerikanischen Geburtenkontrollbewegung **Margret Sanger** (1883–1966) und die Biologin **Katherine McCormick** (1875–1967) machen in den 1950er-Jahren den entscheidenden Schritt zur Entwicklung eines hormonellen Verhütungsmittels. 1951 können sie den Biologen **Gregory Pincus** (1903–67) für diese Arbeit gewinnen. Schon in den 1940er-Jahren hat der Chemiker **Carl Djerassi** (geb. 1923) Forschungen dazu aufgenommen, und 1951 gelingt ihm die Synthese eines oral wirksamen künstlichen Schwangerschaftshormons, auch Gestagen genannt. Pincus und seine Mitarbeiter sind bald in der Lage, mit dem Wirkstoff Norethynodrel im Tierversuch den Eisprung und damit die Empfängnis zu verhindern. Für den ersten erfolgreichen klinischen Versuch an 50 Frauen 1954 in Boston gewinnt Pincus trotz Vorbehalten den katholischen Gynäkologen **John Rock** (1890–1984). Die Pille wird 1957 zunächst als Medikament zur Behandlung von Menstruationsbeschwerden und ab 1960 als erste

Anti-Baby-Pille in den USA zugelassen.

! Kondome

Schon der sagenhafte König Minos von Kreta soll Verhütungsmittel benutzt haben: Kondome aus Ziegenblasen. Der englische Hofarzt Dr. Condom empfahl 1655 Kondome aus Hammeldärmen und wurde dafür sogar zum Ritter geschlagen. Charles Goodyear (1800–60) entwickelte 1839 die Gummivulkanisation und schuf damit die Voraussetzung für eine industrielle Fertigung von Kondomen. Julius Fromm stellte 1919 erstmals maschinell gefertigte Kondome her. Das erste deutsche Qualitätssiegel für Kondome wurde 1981 erteilt.

Vorbehalte in Deutschland

Das Berliner Pharmaunternehmen Schering bringt 1961 die erste Pille in Deutschland auf den Markt. Ihre Einführung wird jedoch nicht kritiklos hingenommen. Nicht nur die katholische Kirche, nach deren Verständnis Geschlechtsverkehr grundsätzlich nur der Fortpflanzung dienen darf, verurteilt das Verhütungsmittel. Allgemein befürchtet man in Deutschland das Ende der Moral. Demzufolge wird die Pille von den Frauenärzten zunächst als „Mittel zur Behebung von Menstruationsstörungen" verschrieben.
Die Pille führt nicht nur zu grundlegenden Veränderungen im Rollenverständnis der Frau, sondern damit verbunden auch zu tief greifenden Umwälzungen unserer modernen Gesellschaft. Mittlerweile schützen sich weltweit rund 80 Millionen Frauen durch hormonelle Kontrazeption vor einer ungewollten Schwangerschaft.

Luc Montagnier
und das tückische HI-Virus (1984)

Auch 20 Jahre nach der Entdeckung des **HI-Virus** sind Impfung oder Heilung noch lange nicht in Sicht, obwohl in den vergangenen zwei Jahrzehnten auf kaum einem anderen Gebiet so intensiv geforscht wurde. Trotz unzähliger Aufklärungskampagnen breitet sich das HI-Virus vor allem in Afrika und Asien immer noch fast ungebremst aus.
Weltweit infiziert sich schätzungsweise alle 15 Sekunden ein Mensch mit dem gefährlichen Erreger. Und obwohl **HIV** inzwischen das besterforschte Virus überhaupt ist, gibt es nach wie vor kein Medikament gegen die Krankheit, die HIV auslöst: gegen **AIDS**.

Schon gewusst?

Normalerweise greifen weiße Blutkörperchen und Antikörper fremde Organismen an, die in den Körper eingedrungen sind, und zerstören sie. Die Immunantwort wird von bestimmten weißen Blutkörperchen, den T-Helfer-Zellen, koordiniert. Diese Lymphozyten sind das Hauptangriffsziel der HI-Viren. Sie docken an den Zellen an und werden hineingeschleust. Im Inneren integrieren die Viren ihr eigenes Erbgut in das Erbgut der Wirtszelle und benutzen diese zur ungehinderten Vermehrung. Nach einiger Zeit zerstören die neu produzierten Viren ihre Wirtszelle und werden ins Blut freigesetzt. Sofort suchen sie einen neuen Lymphozyten, und der Vermehrungsprozess wiederholt sich.

So werden täglich mehr als zehn Milliarden neuer HI-Viren produziert. Das HI-Virus verändert über die Wirtszelle immer wieder die eigene genetische Ausstattung und Oberfläche. In der neuen Gestalt irritiert der Erreger das Immunsystem und macht sich damit unangreifbar für bestehende Wirkstoffe. Medikamente gegen den Erreger helfen deshalb bislang leider nur für eine begrenzte Zeit. Dann wird das Virus dagegen resistent.

Ursachenforschung

AIDS ist die Abkürzung für „Acquired Immuno-Deficiency Syndrome“, zu deutsch: erworbenes Immun-(oder Abwehr-)schwäche-Syndrom. In der westlichen Welt macht sich das menschliche Immunschwächevirus erstmals 1981 bemerkbar. Im Juni des Jahres berichten die **„Centers for Disease Control and Prevention“** (CDC) der USA über die auffällige Zunahme einer seltenen Krebsform und einer ungewöhnlichen Form von Lungenentzündungen bei jungen Homosexuellen in Kalifornien und New York. Aufgeschreckt beginnt die US-Gesundheitsbehörde mit einer umfassenden Ursachenforschung, bei der sich herausstellt, dass im Blut der Kranken die Zahl der **T-Helferzellen** drastisch vermindert ist. Da diese Zellen im Immunsystem eine Schlüsselrolle spielen, ist klar, dass eine Schwächung der Immunabwehr für das rätselhafte Krankheitsbild verantwortlich sein muss.

Als kurz darauf auch die ersten Heterosexuellen erkranken, kommt es in der Öffentlichkeit zu fast hysterischen Reaktionen. Die Liste der diskutierten Ursachen reicht über medizinische Experimente des CIA bis zur „Strafe Gottes“. Fachleute sind sich allerdings schnell einig, dass der Erreger ein Virus sein muss. Weltweit machen sich Forscher schnell daran, der Krankheit auf den Grund zu gehen.

Ein Streit unter Wissenschaftlern

1984 gelingt es dem Virologen **Luc Montagnier** (geb. 1932) und einem Kreis von französischen Wissenschaftlern am Pariser Institut Pasteur, den Auslöser der um sich greifenden Epidemie zu entdecken. Er stößt bei der routinemäßigen Überprüfung von Blutkonserven auf ein virales Partikel, einem Retrovirus vom Typ HIV. Um diese Entdeckung – genauer, um die sich daran anschließenden Vermarktungsmöglichkeiten für ein zu entwickelndes wirksames Medikament – entbrennt 1986 ein heftiger Prioritätsstreit zwischen Montagnier und dem US-amerikanischen Virologen **Robert Charles Gallo** (geb. 1937) vom National Institute of Health. Auch Gallo beschreibt Anfang der 1980er-Jahre das von ihm als HTLV III bezeichnete Virus, das mit HIV identisch ist. Er entwickelt daraufhin den ersten HIV-Test, der auch zur Überprüfung von Blutkonserven von Montagnier und anderen Wissenschaftlern benutzt wird. Nach einer genauen Überprüfung der Sachlage im Jahr 1991 tritt jedoch Gallo von seinem Anspruch auf die Erstentdeckung von HIV zurück.

Ian Wilmut
und das Klonschaf Dolly (1996)

Eingriff in die Schöpfung oder Fortschritt zum Wohle der Menschheit? Soll wirklich alles, was Wissenschaftler experimentell für machbar halten, auch in die Praxis umgesetzt werden? Die Wogen in Medien und Öffentlichkeit schlagen hoch, als am 5. Juli

! Therapeutisches Klonen

Dieses so genannte therapeutische Klonen dient allerdings der Züchtung von Stammzellen für den Einsatz gegen Krebs und andere schwere Erkrankungen. Die Forschung auf diesem Gebiet ist auch in vielen Industrieländern längst kein Tabu mehr. Die „Erfolgsmeldungen" über bereits lebende menschliche Klone dürfen hingegen mit Skepsis betrachtet werden: Ein derartiges Wesen ist bis heute nicht in der Öffentlichkeit vorgestellt worden. Dies mag am massiven Widerstand gegen das Klonen von Menschen und der damit verbundenen hohen Hemmschwelle liegen oder einfach nur daran, dass es bislang keinem Forscher gelungen ist, ein lebensfähiges Geschöpf zu erzeugen.

1996 Klonschaf Dolly das Licht der Welt erblickt: ein Lamm, das bis in die letzte Körperzelle eine genaue Kopie seiner genetischen Mutter ist – geklont aus einer einzigen erwachsenen Körperzelle.
Dem Embryologen und Leiter des Forschungsteams am schottischen Roslin Institut, **Ian Wilmut** (geb. 1945), war es gelungen, das Erbmaterial aus der Eizelle eines Schafes zu entfernen und in diese das Erbgut aus der Euterzelle eines zweiten Schafes einzupflanzen. Mit der künstlichen Verschmelzung der beiden Zellen versetzt er den Kern der bereits erwachsenen Zelle in die Lage, als Erbvorlage für ein neues Wesen zu dienen. Wilmut verpflanzt diese in den Uterus eines dritten Schafes, einer Leihmutter, die im Sommer 1996 das **Klonlamm Dolly** gesund zur Welt bringt.

150 Jahre nach Darwin: Identische Nachkommen

Dolly als „Produkt" dieser Art der ungeschlechtlichen Vermehrung bezeichnet man als rekonstruierten Embryo, den Vorgang, identische Nachkommen zu schaffen, als reproduktives Klonen. Kaum mehr als ein Jahrhundert nach **Charles Darwin** (1809–82), der 1859 mit der „Evolutionstheorie" die Grundlagen für diese Entwicklung gelegt hat, ist damit eine Dimension erreicht, deren Auswirkungen selbst für ihre Befürworter nicht absehbar sind. Sicher ist, dass es im November 2001 US-Wissenschaftlern gelingt, die ersten menschlichen Embryonen zu klonen.

Der Weg zur modernen Gentechnik

Klonforschung ist eigentlich nichts Neues: 1930 gelang dem Deutschen **Hans Spemann** (1869–1941) der erste künstliche Klonversuch. Er teilte die Zellen eines Molch-Embryos mit einem Menschenhaar. Nach der Entdeckung der Nukleinsäuren (Desoxyribonukleinsäure oder DNS) als Träger der Erbanlagen im Jahre 1944 gelang es 1953 dem amerikanisch-britischen Forscherteam **Francis Harry Compton Crick** (geb. 1916) und **James Watson** (geb. 1928) die DNA-Struktur (Chromosomenstruktur) zu entschlüsseln. Dafür und für die Erklärung der chemischen Mechanismen, mit denen Zellen ihre Eigenschaften bei der Teilung weitergeben, erhalten sie gemeinsam 1962 den Nobelpreis für Medizin.
Als 1973 DNA aus zwei verschiedenen Organismen miteinander verbunden werden kann, ist die moderne Gentechnik geboren. 1981 gelingt in den USA erstmals die Teilung von Rinderembryonen, und Mitte des Jahrzehnts wird das Embryo-Splitting bei Tieren auch in Europa Routine.

Das Ende von Klonschaf Dolly: Ausgestopft im Museum

Dolly, erstmals aus einer einzigen Zelle geklont, ergeht es übrigens nicht sehr gut: Das Schaf altert frühzeitig und leidet unter Arthritis. Am 14. Februar 2003 erkrankt es an einer schweren Lungenentzündung und muss eingeschläfert werden. Mit nicht einmal sieben Jahren recht früh für ein Schaf. Seither ist Dolly – ausgestopft – eine der Hauptattraktionen des Royal Museum im schottischen Edinburgh. Mit dem frühen Altern des ersten Klonschafs hat eine Vermutung von Forschern neue Nahrung bekommen: Schon im Mai 1999 stellen sie fest, dass Dollys Erbgut ungewöhnlich alt aussieht. Dolly hatte kürzere **Telomere** als gleichaltrige, nicht geklonte Schafe. Als Telomere bezeichnet man die Enden der Chromosomen, der Träger des Erbgutes. Sie beschäftigen die Wissenschaft seit langem, da sie möglicherweise den Alterungsprozess beeinflussen. Und immerhin entstammt Dolly der Euterzelle eines sechsjährigen Schafs.

Craig Venter entschlüsselt das menschliche Genom (2000)

Man mag darüber uneins sein, ob die Jahrtausendwende – wie weltweit gefeiert – am 1. Januar 2000 anzusiedeln ist, oder ob sie kalendertechnisch erst auf den ersten Tag des Jahres 2001 fällt. Wenn es nach wissenschaftlichen Maßstäben geht, gebührt sicherlich dem Juni 2000 das Prädikat „Zeitenwende“: Der US-amerikanische Wissenschaftler und Geschäftsmann **Craig Venter** (geb. 1946) verkündet der Weltöffentlichkeit, dass er mehr als 99 Prozent des menschlichen Erbguts (Genom) entschlüsselt hat. Damit ist eines der letzten großen Rätsel der Menschheit gelüftet. Ein Ereignis, das mit dem Buchdruck Gutenbergs 1445 und Armstrongs Mondlandung 1969 in einem Atemzug genannt werden muss.

Venter gewinnt mit seinen Forschungsergebnissen einen Wettlauf, der in den letzten beiden Jahrzehnten des 20. Jh. weltweit 1000 Wissenschaftler in Atem hält. Das Ergebnis gibt der molekularen Medizin Daten in die Hand, mit deren Hilfe in naher Zukunft revolutionäre Heilmethoden für Krankheiten wie Krebs, Alzheimer oder Osteoporose entwickelt werden könnten.

Um das Verständnis für Erbkrankheiten zu erleichtern und wenn möglich Diagnostik und Therapie in neue Bahnen zu lenken, wird 1988 in den USA die **Human Genome Organisation** (HUGO) gegründet. Ziel: Die Entschlüsselung des Genoms, also des einfachen Chromosomensatzes und der auf ihm befindlichen Gene. Chromosomen sind die unter dem Mikroskop sichtbaren Träger unserer Erbanlagen, von denen beim Menschen 23 paarweise in den Körperzellen vorhanden sind (Ausnahme: beim Mann besteht das 23. Paar aus zwei unterschiedlichen Chromosomen).

Eine Arbeit von 1000 Wissenschaftlern

Am internationalen, bis 1999 mit drei Milliarden Dollar an öffentlichen Geldern finanzierten Humangenom-Projekt beteiligen sich seit 1990 Forschungsinstitutionen aus den USA, Japan, China, Großbritannien, Frankreich und Deutschland. Weltweit arbeiten etwa 1000 Wissenschaftler an dem Projekt. Mit der Leitung wird der US-Amerikaner **James Watson** (geb. 1928) betraut, der 1953 die DNS-Struktur (DNS – Desoxyribonukleinsäure ist die Trägerin der genetischen Information in den Chromosomen) entdeckt und als Lohn 1962 den Nobelpreis für Medizin entgegennimmt. Bereits 1992 gelingt den Forschern die vollständige Kartierung des Chromosoms 23 und des Y-Chromosoms (es legt beim Menschen das männliche Geschlecht fest).

Riesige Gewinne

Wegen der staatlichen Zuschüsse und um untereinander größtmögliche Transparenz zu sichern, stellen die Wissenschaftler des Humangenom-Projektes ihre Forschungsergebnisse der Öffentlichkeit regelmäßig und kostenlos zur Verfügung. Daneben versucht eine ständig wachsende Zahl von Biotechnik-Firmen auf eigene Faust, zu bedeutenden Ergebnissen zu kommen. Schließlich winken große Gewinne durch die Patentierung von Genen und die zu erwartende Entwicklung von Medikamenten im Bereich der Molekularmedizin.

„Gen-Papst“ Craig Venter hat am Ende im Wettlauf um die vollständige Entschlüsselung der mensch-

! Lebenserwartung

Der moderne Mensch in der westlichen Wohlstandsgesellschaft erreicht ein Durchschnittsalter von nahezu 80 Jahren. Damit wird er etwa 50 Jahre älter als sein Urahn aus der vorindustriellen Zeit. Mit seinen Genen (kleine Einheiten des Erbguts) erbt er jedoch die selben krank machenden Anlagen, unter denen bereits seine Vorfahren litten. Seriöse Wissenschaftler gehen davon aus, dass die Lebenserwartung nochmals um Jahrzehnte gesteigert werden kann, wenn Zivilisationskrankheiten wie Krebs u. ä. in den Griff zu bekommen sind.

lichen Gene die Nase vorn und erntet vor den weltweit kooperierenden Wissenschaftlern den Ruhm, Erster zu sein.
Als im Januar 2001 die Forscher des Genom-Projektes ihre Ergebnisse vorstellen, steht fest: Der Mensch hat etwa 26.000 bis 40.000 Gene (über 100.000 waren erwartet worden). Zum Vergleich: Ein Wurm besitzt etwa die Hälfte, deren Aufbau allerdings einfacher ist. Die erwartete Gleichung „ein Gen für eine Krankheit" geht übrigens nicht auf. Es dürfte deshalb noch einige Zeit dauern, bis das Zusammenspiel der Gene vollständig enträtselt ist und mit wirkungsvollen Behandlungsformen für die schwersten Krankheiten der Menschheit gerechnet werden kann. Ob die künstliche Veränderung unserer Gene zukünftigen ethischen Maßstäben gerecht wird, bleibt im Übrigen abzuwarten.

Übersicht über die Entdecker und Erfinder			
Jahr	**Entdecker oder Erfinder**	**Entdeckung oder Erfindung**	**Nationalität**
1590	Zacharias Janssen	Verbandmikroskop	Niederländisch
1593	Galileo Galilei	Wasserthermometer	Italienisch
1608	Hans Lipperhey	Fernrohr	Niederländisch
1642	Blaise Pascal	Additionsmaschine	Französisch
1643	Evangelista Torricelli	Quecksilberbarometer	Italienisch
1650	Otto von Guericke	Luftpumpe	Deutsch
1668	Isaac Newton	Spiegelteleskop	Englisch
1671	Gottfried W. Leibniz	Rechenmaschine	Deutsch
1698	Thomas Savery	Dampfpumpe	Englisch
1705	Thomas Newcomen	Dampfmaschine	Britisch
1717	Edmond Halley	Taucherglocke	Englisch
1752	Benjamin Franklin	Blitzableiter	Amerikanisch
1764	James Hargraves	Feinspinnmaschine	Britisch
1769	Richard Arkwright	Spinnmaschine	Englisch
1769	James Watt	Dampfmaschine (mit getrenntem Kondensator)	Britisch
1780	Benjamin Franklin	Zweistärkenlinse	Amerikanisch
1783	Joseph Michel Montgolfier und Jacques Étienne Montgolfier	Heißluftballon	Französisch
1785	Edmund Cartwright	Mechanischer Webstuhl	Britisch
1788	James Watt	Zentrifugalregler	Britisch
1796	Edward Jenner	Pockenimpfung	Britisch
1804	Richard Trevithick	Dampflokomotive	Britisch
1814	George Stephenson	Eisenbahnlokomotive	Britisch
1816	Karl D. Sauerbronn	Fahrrad	Deutsch
1821	Michael Faraday	Elektromotor	Britisch
1831	Michael Faraday	Dynamo	Britisch
1837	Samuel Finley Breese Morse Sir Charles Wheatstone	Schreib-Telegraf	Amerikanisch Britisch
1838	Samuel Finley Breese Morse	Morsealphabet	Amerikanisch

1865	Joseph Lister	Antiseptische Chirurgie	Englisch
1868	Carlos Glidden und Christopher Latham Sholes	Schreibmaschine	Amerikanisch
1874	Thomas Alva Edison	Vierfachtelegraph	Amerikanisch
1876	Alexander Graham Bell	Telefon	Amerikanisch
1877	Nikolaus August Otto	Verbrennungsmotor (Viertakt)	Deutsch
1877	Thomas Alva Edison	Sprechmaschine (Phonograph)	Amerikanisch
1877	Emile Berliner	Mikrophon	Amerikanisch
1879	Thomas Alva Edison Sir J. Wilson Swan	Glühlampe	Amerikanisch Britisch
1887	Emile Berliner	Grammophon (Plattenspieler)	Amerikanisch
1891	Otto Lilienthal	Segelflugzeug	Deutsch
1893	Thomas Alva Edison	Filmkamera	Amerikanisch
1894	Louis Jean Lumière und Auguste M. Lumière Charles F. Jenkins	Filmvorführ-apparat Französisch	Amerikanisch
1896	Marchese Guglielmo Marconi	Drahtloser Telegraph	Italienisch
1900	Graf Ferdinand von Zeppelin	Lenkbares Starrluftschiff	Deutsch
1903	Wilbur Wright und Orville Wright	Flugzeug	Amerikanisch
1911	Casimir Funk	Vitamine	Polnisch
1923	Wladimir Kosma Zworykin	Fernsehbildzerleger	Amerikanisch
1960	Gregory Pincus, John Rock und Min-Chueh Chang	Antibabypille	Amerikanisch
1984	Luc Montagnier	Entdeckung des HI-Virus	Französisch
1997	Ian Wilmut	Klonen eines erwachsenen Schafes	Britisch
2000	Craig Venter	Entschlüsselung des menschlichen Genoms	Amerikanisch

Register

C

D

E

F